Charles Frankel

Vous êtes ici ?

Les idées clés pour comprendre notre planète

DUNOD

Illustration de couverture : « Les Shadoks »,
dessin original de Jacques ROUXEL
© aaa, Paris, 2001
Illustrations intérieures : Rachid Maraï

ISBN : 978-2-10-051789-3

Table des matières

3 – De quoi est fait l'intérieur du globe ?

4 – Pourquoi les continents ont-ils la bougeotte ?

5 – Comment fonctionnent les volcans ?

6 – Qu'est-ce qui soulève les montagnes ?

7 – Réchauffement climatique ou ère glaciaire ?

Introduction

Nous vivons sur une planète remarquable... D'abord, parce qu'elle abrite une vie « intelligente », ce qui est extraordinaire et le restera, tant que l'on n'aura pas trouvé d'autres planètes habitées. Mais la Terre a d'autres atouts qui en font une planète à part : ses volcans extrêmement variés, ses chaînes de montagnes uniques dans le Système Solaire, et son paysage en « morphing » permanent, avec des fonds océaniques à géométrie variable qui déplacent les continents comme des valises sur un tapis roulant. Sans parler des changements spectaculaires de son climat qui oscille entre périodes glaciaires et réchauffements abrupts.

Ce livre est un petit guide de la Terre qui brosse les grands traits de la planète : son emplacement dans l'Univers (« comment s'y rendre »), son histoire, son relief et les grands sites à visiter, sans oublier le côté folklorique et culturel de sa découverte, comme dans tout guide qui se respecte.

C'est un guide pour le grand public. Pour ceux que la géologie n'a jamais intéressés à l'école, il a pour ambition de montrer les merveilles de la Terre sous un angle plus ludique, et de répondre aux questions que tout citoyen de la planète est en droit de se poser.

Où se situe la Terre dans la Galaxie ? Quel âge a-t-elle et comment est-elle née ? À quoi ressemble l'intérieur du globe ? Pourquoi les continents se déplacent-ils, et par rapport à quoi ? Comment fonctionnent les volcans et quelles sont les plus grandes éruptions possibles ? Jusqu'à quelle hauteur peuvent grimper les montagnes, et le Mont-Blanc continue-t-il à s'élever ? Les dinosaures ont-ils été massacrés par un astéroïde, et sommes-nous menacés du même sort ?

Chaque chapitre traite un grand thème planétaire et tente de répondre à ces questions clefs. Le premier chapitre épingle la place de la Terre dans le cosmos, sa forme et ses dimensions; le second nous situe dans l'abîme du temps. Et le troisième chapitre propose un autre voyage-vertical, celui-là : une plongée dans les entrailles de la Terre jusqu'au centre du globe.

La surface de la Terre et son relief sont l'objet des trois chapitres suivants : la dérive des continents; le fonctionnement des volcans (chapitre 5); et le phénomène merveilleux des chaînes de montagnes — une spécialité bien terrestre (chapitre 6). Enfin, une présentation de l'atmosphère et du climat (chapitre 7) et un bilan des phénomènes cosmiques qui menacent la Terre (chapitre 8) viennent compléter ce guide planétaire.

Les informations résumées dans ce livre sont l'œuvre de milliers de chercheurs — astronomes et géologues — qui se sont succédé à travers les âges, perçant les mystères de la Terre et mettant à nu ses mécanismes. Je n'en cite qu'un Ptout petit nombre, mais nous devons notre compréhension de la Terre à cette armée d'hommes et de femmes qui ont chacun apporté leur pierre à l'édifice. Ce livre leur est dédié.

En bibliographie, je cite les ouvrages de synthèse dont je me suis inspiré pour écrire ce guide, ainsi que quelques uns des nombreux sites du « web » consacrés à l'étude de la Terre.

En résumant tout ce savoir, j'espère ne pas avoir introduit trop d'erreurs et commis trop d'oublis — bien que j'ai été nécessairement conduit à faire des « impasses » sur de nombreux thèmes —, et je reste à l'écoute des lecteurs (à mon courriel csfrankel@aol.com) pour tenter d'améliorer cet ouvrage à l'avenir.

Un grand merci à Rachid Maraï pour avoir croqué avec humour les principales illustrations de ce livre, ainsi qu'à mon éditeur, et notamment Anne Bourguignon, pour m'avoir aiguillé dans la bonne direction tout au long de sa rédaction. J'espère que le lecteur, qu'il soit terrestre ou extraterrestre, prendra du plaisir à lire ce guide et à découvrir la planète Terre.

Bon voyage,

Charles Frankel

Octobre 2008

1

Où sommes-nous dans l'Univers ?

L'aspect de notre monde et sa place dans l'Univers ont fasciné les chercheurs depuis l'Antiquité. Si la Terre n'est pas plate, est-elle vraiment ronde ? Comment a-t-on mesuré sa circonférence ? Nous tournons autour du Soleil, mais le Soleil se déplace-t-il aussi ? À quelle distance se trouvent les autres étoiles ? Où nous trouvons-nous dans la Galaxie ? Et *in fine*, quelle est la taille de l'Univers ?

Rencontre du troisième type

Vous arrivez à un cocktail où vous ne connaissez personne, et pour cause : vous êtes le seul représentant de la planète Terre. En soi, c'est un peu vexant lorsqu'on a l'habitude d'être reconnu dans son milieu, mais cela va surtout demander un gros effort pour briser la glace et se présenter aux autres convives. Il va falloir être explicite. Sur Terre, on peut décliner sa ville natale, son pays, et on peut rapidement passer aux questions plus personnelles. Mais devant un tel aréopage venu de tous les horizons cosmiques, l'exercice est plus compliqué. Il faut situer la Terre et le Soleil dans notre Galaxie, et notre Galaxie parmi les quelques dizaines de milliards de galaxies que compte l'Univers.

En guise de carte de visite, un hologramme en 3D peut nous être bien utile, spécifiant nos coordonnées universelles. Toutefois, il est toujours agréable de joindre la parole à l'image et de pouvoir se résumer en quelques mots, afin de piquer la curiosité de notre interlocuteur. Il est bon aussi d'avoir une ou deux anecdotes savoureuses à propos de son coin de la Galaxie. Les plus appréciées sont celles qui racontent comment notre modeste civilisation a pris conscience de sa place dans l'Univers, souvent à l'encontre d'hilarants préjugés. Quelle civilisation cosmique, en effet, n'a pas commencé son histoire en supposant qu'elle était le centre du monde ?

Raconter comment les Terriens ont renversé les idées reçues et découvert la réalité de l'Univers qui nous entoure en dit long sur notre personnalité en tant qu'espèce et sur notre façon de penser. Mais commençons par l'essentiel et déclinons notre identité.

La Terre : adresse et plan d'accès

Nous résidons sur la planète Terre, un monde rocheux d'assez petite taille en orbite autour de l'étoile Soleil — jaune et de catégorie G2 — dans le troisième bras de la Voie Lactée à partir du centre.

La Voie Lactée ? Heureusement, nos interlocuteurs connaissent. Ce n'est qu'une galaxie parmi les dizaines de milliards de galaxies que compte l'Univers, et il eut été particulièrement difficile de la situer pour des voyageurs venus d'une région cosmique complètement différente de la nôtre. Mais, voyage spatial oblige, nous sommes surtout appelés à rencontrer des voisins pas trop éloignés, et de surcroît la Voie Lactée est particulièrement réputée dans ce coin du cosmos pour sa belle forme spiralée et ses deux petites galaxies satellites : les Nuages de Magellan.

De fait, dans le groupe local d'une trentaine de galaxies qui se côtoient dans un rayon de deux à trois *années-lumière*, la Voie Lactée ne compte que deux concurrentes qui soutiennent la comparaison en taille et en beauté : la galaxie d'Andromède et la galaxie du Triangle (M31 et M33 dans le catalogue terrestre).

Bien sûr, chaque civilisation a donné ses propres noms et matricules aux objets célestes, et toute conversation avec des extraterrestres s'accompagne obligatoirement d'une traduction simultanée, non seulement du fil de la pensée, mais aussi des appellations différentes données aux différents lieux, ainsi que des unités de mesure de distance et de temps utilisées pour les situer.

Notre Galaxie, la Voie Lactée, compte quelque 200 milliards d'étoiles. Annoncer que nous nous trouvons sur le bord intérieur du troisième bras, à 27 000 années-lumière du centre galactique, permet déjà de visualiser assez bien notre quartier résidentiel. Les connaisseurs ne manqueront pas de souligner que nous habitons une belle région, avec une population d'étoiles assez jeunes. Ne sommes-nous pas à proximité du joli nuage gazeux d'Orion, avec sa pouponnière de jeunes étoiles bleues ? C'est juste : il se trouve à moins de 1 500 années-lumière. D'ailleurs, on voit cette jolie nébuleuse à l'œil nu depuis la Terre, quand les conditions sont bonnes.

► Année-lumière = unité de distance utilisée en astronomie. C'est la distance parcourue par la lumière en un an (dans le vide), soit 9 460 milliards de kilomètres. L'étoile la plus proche (*Proxima Centauri*) se trouve à 4,22 années-lumière. Les astronomes utilisent également une autre unité de distance, le *parsec*, qui vaut 3,26 années-lumière.

► M31, M33, M61, M83... = matricules donnés par l'astronome Charles Messier (1730-1817) à des objets célestes à l'aspect nébuleux, dont un grand nombre sont en fait des galaxies. Le catalogue de Messier compte 110 objets.

Pour les amoureux du détail, on peut préciser notre position exacte dans la Galaxie en donnant les directions autour de nous des *pulsars* les plus proches — ces étoiles qui balayent l'espace de leur faisceau radio, comme des phares. De même que l'on se repère sur Terre par rapport aux signaux radio de satellites connus (le système GPS), on se repère dans la Galaxie par rapport aux signaux radio des pulsars.

Nous n'avons donc aucune difficulté à préciser l'emplacement du Soleil. Quant à notre planète qui circule autour d'elle, impossible non plus de se tromper : c'est la troisième en partant du Soleil, bleue et blanche avec une touche de brun continental, et une assez grosse lune pour fidèle compagnon.

Une grosse lune ? Voilà qui est heureux, ne manquera-t-on pas de souligner, car cela nous a sans doute beaucoup aidé pour prendre la mesure de notre monde et comprendre le cosmos.

Cela est bien vrai et nous permet de placer une première anecdote culturelle, à savoir comment l'Homme civilisé a compris que la Terre était une sphère — et non un monde plat surmonté d'une cloche —, et comment il a mesuré les dimensions de ce globe terrestre.

Carte postale pour extraterrestres

Lancées en 1972 et 1973, les sondes Pionnier 11 et 12 de la NASA avaient pour mission de survoler les planètes lointaines Jupiter, Saturne, Uranus et Neptune. Comme elles quittaient le Système Solaire sur leur lancée, les astronomes Frank Drake et Carl Sagan proposèrent d'y fixer une plaque en aluminium avec un portrait des expéditeurs et leur adresse cosmique – le but étant plus d'entreprendre une démarche intellectuelle que d'espérer que les sondes atteignent effectivement une civilisation extraterrestre.

En sus de la représentation d'un couple d'êtres humains, avec le schéma de leur sonde en arrière-plan, on note le motif rayonnant qui représente la position du Soleil par rapport à quatorze pulsars de la Galaxie – sources radio qui sont autant de repères dans l'espace. Leur direction et leur distance relative au Soleil sont représentées par l'orientation et la longueur des traits, et leur période décrite en un langage binaire de tirets et bâtons (l'unité de temps est celui du renversement du spin électronique de l'hydrogène, unité « fournie »

par l'image du double cercle au-dessus de la carte des pulsars). La quinzième ligne qui s'étend à droite (derrière le couple humain) représente notre distance au centre galactique.

Quant à la date de l'envoi, on peut la déduire d'après la période des pulsars. Comme leur période augmente avec le temps (les pulsars ralentissent), la différence entre périodes inscrites sur la plaque et périodes observées à la réception du colis indique le temps écoulé.

Celui-ci risque d'être long. S'éloignant du Soleil à la modeste vitesse de 12 kilomètres par seconde, les sondes mettront deux et quatre millions d'années respectivement pour croiser leur première étoile : Aldébaran pour Pionnier 10, et une étoile de la constellation de l'Aigle pour Pionnier 11.

Comment sait-on que la Terre est ronde ?

Il est tentant d'imaginer que la Terre est plate. Il reste d'ailleurs des personnes pour le croire : la Société de la Terre Plate compte encore 2 000 à 3 000 membres. En effet, en se fiant aux apparences, l'idée d'une sphère ne vient pas nécessairement à l'esprit.

C'est à Pythagore (569-494 avant J.-C.) que l'on prête la première proposition que la Terre est une sphère, mais c'est surtout Aristote (384-322 avant J.-C.) qui le prouve par un subtil raisonnement. Aristote signale que lorsque l'on découvre un navire qui s'approche à l'horizon, c'est d'abord le haut du mat que l'on découvre, avant que n'apparaisse la coque, cachée par la courbure du globe. D'autre part, le ciel étoilé n'est pas le même en voyageant du Nord au Sud, la courbure de la Terre nous faisant regarder dans des directions différentes du cosmos. Enfin, la lumière du soleil qui tombe sur la Lune définit une courbe et non pas une ligne droite de Pôle à Pôle, en guise de frontière entre le jour et la nuit : c'est le propre d'une sphère. Et si la Lune est une sphère, il est probable que la Terre l'est aussi.

Aristarque de Samos (384-322 avant J.-C.) va plus loin. Il note que lors d'une éclipse de Lune, l'ombre de la Terre qui balaye la Lune possède une courbure moins prononcée que celle du disque lunaire lui-même. En calculant le rapport des deux courbures, Aristarque en déduit que la Terre est trois fois plus large que la Lune. En réalité, elle est quatre fois plus large. Pas mal du tout.

Comment a-t-on mesuré la taille du globe ?

Encore plus rusé est le calcul de la taille absolue — et pas seulement relative — de la Terre. C'est Ératosthène (v. 276-v. 192 avant J.-C.), savant grec à la grande bibliothèque d'Alexandrie, qui trouve la technique. On lui a rapporté qu'un peu plus au Sud, dans la ville de Syène (aujourd'hui Assouan), le Soleil est exactement à la verticale du lieu à midi le jour du solstice d'été : il éclaire le fond des puits et il n'y a pas d'ombre. Ce n'est pas le cas à Alexandrie : la mesure de la courte ombre jetée par un obélisque, le jour du sols-

tice, implique un angle d'un cinquantième de cercle (7,2 degrés) entre le soleil et la verticale.

Ératosthène comprend que ce cinquantième de cercle est la distance angulaire Nord-Sud entre les deux villes : leur différence de latitude. Il demande à un aide de lui mesurer précisément la distance au sol d'Alexandrie à Assouan, à dos de chameau. Le résultat rapporté est une distance de 5 000 stades, soit 787,5 kilomètres (le stade, unité de l'époque, vaut 157,5 mètres). Or, si un cinquantième de cerce correspond à 787,5 kilomètres, Ératosthène pose que la circonférence de la Terre est ce chiffre multiplié par cinquante : 39 375 km. Nous savons aujourd'hui que la circonférence de la Terre (en passant par les Pôles) vaut précisément 40 008 km : l'erreur d'Ératosthène est donc inférieure à 2 % ! À l'œil nu et avec un chameau, faites en autant !

Est-ce que la Terre est vraiment ronde ?

La Terre n'est pas une sphère parfaite. Les astronomes en ont eu l'intuition en observant les autres planètes. Ainsi, Jean-Dominique Cassini (1625-1712) constata en 1666 que Jupiter est aplatie aux Pôles en raison de sa rotation : la force centrifuge étale la zone équatoriale. Nous savons aujourd'hui que le diamètre de la Terre dans le plan de l'équateur est supérieur de 42 km à son diamètre de Pôle à Pôle (12 756 km contre 12 714 km), soit une différence de 0,3 % : on dit que l'aplatissement de la Terre vaut 1/298.

Plutôt qu'une sphère, la Terre s'apparente donc à un « ellipsoïde de révolution ». Abstraction faite du relief, elle s'en démarque toutefois par de légères variations qui sont mesurées par les satellites. La forme géométrique précise de la Terre, appelée géoïde, possède ainsi des creux et des bosses de l'ordre d'une centaine de mètres. Le creux le plus important (– 106 m) se trouve au sud de l'Inde et les bosses les plus marquées (+ 85 m) se situent au nord de l'Australie et dans l'Atlantique Nord.

À ces ondulations de la forme générale du globe se superposent les irrégularités du relief à petite échelle, qui déterminent le niveau de « lissage » de notre planète. Par rapport au niveau de la mer, montagnes (+ 8 848 m pour l'Everest) et fosses marines (– 10 911 m pour celle des Mariannes) entraînent des variations locales du diamètre terrestre inférieures à 0,17 %. Toutes proportions gardées, la Terre est donc plus lisse qu'une boule de billard, dont les modèles de compétition ont des irrégularités de l'ordre de 0,22 %.

Est-ce le ciel qui tourne, ou bien la Terre ?

Si la forme et la taille de la Terre découlent logiquement de la géométrie, notre emplacement dans l'univers est quant à lui plus difficile à épingler, en raison d'un *a priori* tenace. Une vanité bien compréhensible nous dicte que nous sommes nécessairement au centre du monde. Tout, en effet, semble exister par rapport à nous. Par exemple, il est normal de dresser des cartes géographiques centrées sur le lieu où on les dessine. Le spectacle dynamique du ciel — la ronde du Soleil et de la Lune, des planètes et des étoiles — suggère fortement que l'Univers tout entier tourne autour de nous.

Il s'est bien élevé des voix pour remarquer que le spectacle s'explique tout aussi bien si c'est la Terre qui tourne sur elle-même et autour du Soleil. Le premier à le suggérer fut l'astronome grec Aristarque de Samos (310-230 av. J.-C.). Ses calculs géométriques lui indiquaient que le Soleil était au moins sept fois plus grand que la Terre (en vérité, il est 109 fois plus grand en diamètre). Il était illogique que le corps le plus gros corps tourne autour du corps le plus petit. L'inverse était beaucoup plus probable.

Que l'on ne fût pas le nombril du monde, mais un vulgaire satellite du Soleil, ne rencontra pas un franc succès, surtout auprès des autorités religieuses et politiques. Introduire un élément d'incertitude et de relativisme dans l'Univers ouvrait la voie à de dangereuses remises en question de l'ordre social et de la hiérarchie ici bas.

Malgré la belle intuition d'Aristarque, le dogme d'une Terre centrale et immobile s'imposa donc des siècles durant. Elle ne fut remise en cause qu'à partir de 1515, avec un premier « communiqué » écrit et diffusé de façon confidentielle par le chanoine et astronome polonais Nicolas Copernic (1473-1543). Celui-ci s'était rendu compte que le système d'une Terre centrale, autour de laquelle Soleil, Lune et planètes tournaient sur des cercles, ne permettait pas de prédire la position de ces astres avec exactitude. Il y avait toujours un décalage avec la réalité. En revanche, en plaçant le Soleil au centre, avec dans l'ordre Mercure, Vénus, la Terre, Mars, Jupiter et Saturne en orbite autour de l'astre, on parvenait à des prévisions beaucoup plus satisfaisantes.

Conscient qu'il s'attirerait les foudres de l'église, Copernic ne publia la version complète de sa thèse qu'à la fin de sa vie en 1543, publication qui valut quelques problèmes à son éditeur. L'Inquisition s'employa à faire taire les hérétiques qui se ralliaient à ce dangereux modèle, à commencer par le philosophe Giordano Bruno (1548-1600) qui s'en était fait le chantre à travers l'Europe. Il fut arrêté à Venise en 1592, jugé pour hérésie au cours l'un long procès, et brûlé sur l'échafaud en l'an 1600.

Cela n'empêcha pas l'illustre physicien Galilée (1564-1642), qui avait 36 ans lors de cette mise à mort, de prendre à son tour la défense du modèle de Copernic. La lunette grossissante venant d'être inventée, il s'en servit à partir de 1609 pour observer le ciel et découvrir, entre autres, quatre lunes en orbite autour de Jupiter. C'était bien la preuve que tout ne tournait pas nécessairement autour de la Terre ! En 1632, il publia *Dialogue sur les deux mondes*, un livre qui prend parti sans retenue pour le système de Copernic, avec une Terre en rotation autour de son axe des pôles, tout en tournant autour du Soleil. Galilée fut lui aussi rappelé à l'ordre par l'Inquisition : condamné pour hérésie, il fut forcé d'abjurer ses thèses pour garder la vie sauve, et passa les dernières années de sa vie en résidence surveillée. Comme quoi il est souvent dangereux d'avoir raison avant les autres.

Troisième planète à partir du Soleil

Nous ne sommes donc pas au centre de l'Univers. Grâce à Copernic et à Galilée, le Soleil s'est trouvé projeté dans cette position centrale, et la Terre reléguée en troisième position parmi ses compagnons planétaires.

Le coup est rude. Non seulement nous ne sommes pas au centre du monde, mais nous ne sommes même pas le plus proche compagnon du Soleil, une distinction qui revient à la planète Mercure. Nous ne sommes pas non plus la plus grosse planète du Système Solaire : c'est Jupiter qui remporte ce titre, et la Terre ne figure qu'au cinquième rang.

Mais en vérité, tout cela est un avantage. Trop grosse, une planète s'entoure d'une atmosphère écrasante ou devient une planète gazeuse, *a priori* sans avenir pour la vie. Trop petite, son atmosphère lui échappe et elle devient stérile. Quant à notre distance au Soleil, notre modeste troisième place est aussi un cadeau du ciel, car le niveau d'insolation permet l'existence chez nous d'eau liquide, ce qui n'est pas le cas des planètes voisines, du moins aujourd'hui.

La vie telle que nous la connaissons a en effet besoin d'eau liquide : le solvant « miracle » pour la construction de molécules organiques. Il lui faut aussi les éléments nécessaires à cette construction : carbone, azote, hydrogène et oxygène, un peu de phosphore, de fer, de soufre, et enfin une source d'énergie pour dynamiser l'ensemble.

Carbone et autres atomes existent en proportions satisfaisantes un peu partout dans l'Univers et dans notre Système Solaire. En revanche, l'eau liquide n'existe que dans une fourchette très étroite de température et de pression : sous un bar de pression par exemple (la pression atmosphérique chez nous, au niveau de la mer), l'eau n'est liquide qu'entre 0 °C et 100 °C. En deçà de 0 °C, c'est de la glace solide. Au-delà de 100 °C, c'est de la vapeur — deux états beaucoup plus difficiles à exploiter par la vie.

À proximité du Soleil, la température d'une planète est trop élevée pour abriter de l'eau liquide. Sur Mercure, il fait plus de 400 °C en plein jour, et sur Vénus il fait même plus chaud à cause d'un effet de serre endiablé, qui maintient la température autour de 450 °C au sol, jour et nuit, avec des pointes à 480 °C.

Circulant en troisième position à 150 millions de kilomètres du Soleil, la Terre jouit d'une insolation plus modérée, qui lui vaut d'entrer dans la bonne fourchette de températures atmosphériques en vue d'abriter de l'eau liquide. Encore faut-il une atmosphère convenablement équilibrée, qui procure la pression nécessaire, tout en maintenant un niveau honnête d'effet de serre, sans exagération.

Cette « zone d'habitabilité », comme on appelle cette fourchette de distances autour du Soleil où une planète peut jouir durablement d'eau liquide, est très étroite. À moins de 150 millions de kilomètres du Soleil — Vénus est à 108 millions de km —, c'est la fournaise et la vapeur. À plus de 200 millions de kilomètres, comme c'est le cas de la planète Mars, il fait trop froid pour que des océans restent liquides en permanence, sauf circonstances exceptionnelles.

Nous devons donc l'essor de la vie sur Terre à sa position idéale à 150 millions de kilomètres du Soleil, et au fait que cette orbite est proche d'un cercle. Si elle avait été fortement elliptique, nous promenant en cours d'année de 100 à 300 millions de kilomètres du Soleil, nous aurions sans doute connu une alternance de glaciations et de saunas, et en tout cas un destin tout autre. Nous ne serions probablement pas là pour en parler.

Le rôle de la Lune

La Terre est la seule planète du Système Solaire interne (de Mercure à Mars) à posséder une grosse lune. S'agit-il d'une coïncidence, ou bien la Lune a-t-elle joué un rôle particulier dans le destin exceptionnel de la Terre ?

Certains chercheurs, comme James Kasting aux États-Unis et Jacques Laskar en France, soulignent que l'axe de rotation d'une planète oscille de façon chaotique au fil du temps, tiraillé par l'influence de ses voisins. Or plus l'axe de rotation est incliné, plus le contraste entre les saisons est marqué, la planète se couchant sur son axe pour pointer périodiquement un Pôle au Soleil, l'autre étant plongé dans la nuit. Ce hochement de l'axe de rotation est très marqué sur Mars qui connaît des changements climatiques catastrophiques.

En revanche, pour ce qui est de la Terre, l'attraction de la Lune agit comme un volant à inertie dans leur couple, en limitant l'inclinaison de l'axe de rotation terrestre à des valeurs comprises entre 21°59′ et 24°36. À l'heure actuelle, notre inclinaison est de 23°27′ et diminue d'une moitié de seconde d'arc par an (un cycle complet dure 41 000 ans). Les calculs nous enseignent que sans l'influence de la Lune, la Terre verrait son axe de rotation se pencher jusqu'à 80°, semant la zizanie dans le climat.

Pour certains, la Lune nous a ainsi permis d'échapper à des instabilités climatiques qui auraient freiné l'essor du monde vivant. Toutefois, on peut tout aussi bien imaginer que ces instabilités auraient stimulé le mécanisme de l'évolution et engendré des écosystèmes encore plus variés. Toujours est-il que sans la Lune, la Terre et sa biosphère auraient connu un destin bien différent.

Y a-t-il des planètes autour d'autres étoiles ?

À partir du moment où l'on accepte que les étoiles sont d'autres soleils, on peut se demander si elles abritent elles aussi des planètes.

Le premier à claironner cette hypothèse fut ce même Giordano Bruno qui soutenait déjà le modèle hérétique d'une Terre qui n'était pas au centre de l'Univers. Pour lui, les planètes pullulaient autour des étoiles, abritant d'autres races, et donc nécessairement d'autres religions. Pas étonnant que l'Église ait vu rouge et grillé le pauvre Bruno sur l'échafaud.

Par la suite, tout en reconnaissant que les étoiles étaient d'autres soleils, les astronomes sont restés prudents sur l'hypothèse de planètes circulant autour d'elles. Se raccrochant à l'illusion d'un destin spécial pour la Terre et pour l'être humain, certains chercheurs se sont persuadé, calculs à l'appui, que la formation de planètes autour d'une étoile était hautement improbable et que notre Soleil était une heureuse exception.

Il faut attendre 1995 pour que tombe cette dernière barrière. En analysant les oscillations des étoiles — trahies par celles de leurs fréquences lumineuses (voir encadré) —, les astronomes suisses Michel Mayor et Didier Queloz annoncent en octobre la découverte de la première planète « extrasolaire » autour de *51 Pegasi*, une modeste étoile de la constellation de Pégase. Dès le mois de décembre, une autre équipe d'astronomes signale à son tour des oscillations d'étoiles, synonymes de systèmes planétaires, dans les constellations de la Grande Ourse et de la Vierge.

Ces premières planètes découvertes autour d'autres étoiles ont la particularité d'être massives (plusieurs fois la masse de Jupiter) et en orbite rapprochée autour de leur étoile. Masse et proximité engendrent en effet les plus fortes oscillations stellaires et rendent la détection des planètes plus facile. L'amélioration des techniques d'observation et d'analyse ont permis au fil des ans d'étendre le repérage à des planètes de plus en plus petites, et de plus en plus éloignées de leur étoile.

En date de 2008, plus de 300 « exoplanètes » ont ainsi été découvertes autour de plus de 200 étoiles. Dans certains cas, on a recensé plusieurs planètes autour de la même étoile, et il s'agit toujours d'un chiffre minimum : les plus petites échappent encore aux performances des instruments. Le record de la plus petite planète découverte appartient aussi à l'équipe de Michel Mayor : elle mesure 20 000 kilomètres de diamètre (une fois et demie celui de la Terre) et circule autour de l'étoile *Gliese 581c*.

Détecter les « exoplanètes »

Les planètes qui tournent autour de distantes étoiles sont encore trop peu lumineuses pour être détectées « visuellement » par les télescopes, d'autant qu'elles sont noyées dans l'éclat aveuglant de leur étoile. Cela étant, avec les progrès de l'optique, on s'attend à ce que les plus grosses et plus proches planètes extrasolaires soient détectables de cette façon à partir de 2010, et surtout 2015 avec l'entrée en service du super télescope spatial James Webb qui opère dans l'infrarouge.

Une technique plus éprouvée est celle de la « vitesse radiale » : elle consiste à détecter l'oscillation d'une étoile tiraillée par une planète, oscillation trahie par la dérive périodique de son spectre lumineux (effet Doppler-Fizeau). Les longueurs d'onde se raccourcissent lorsque l'étoile est tiraillée vers nous, et se rallongent lorsque l'étoile est tirée en sens contraire. Plus la finesse de l'analyse est poussée (on est aujourd'hui capable de détecter des variations de vitesse stellaire de l'ordre de quelques mètres seulement par seconde), plus on peut détecter des planètes légères ou orbitant loin de leur étoile.

Une troisième technique consiste à repérer les planètes qui passent exactement devant leur étoile lorsqu'elles sont vues depuis la Terre. Lors de ces « transits », elles éclipsent un petit pourcentage de la lumière stellaire. Cette diminution d'éclat de l'étoile ne dépasse pas quelques millièmes de pourcent, mais c'est suffisant pour détecter les planètes, et même pour estimer leur diamètre. Le satellite astronomique Corot (CNES/ESA) utilise cette technique. D'autres méthodes encore sont possibles, comme celle de la microlentille gravitationnelle.

En date de 2008, sur les quelque 300 exoplanètes découvertes, plus de 285 l'ont été par la méthode de la vitesse radiale, et plus de 50 par la méthode des transits (le total est supérieur à 300, car certaines planètes ont été détectées par les deux méthodes). La méthode de la microlentille a épinglé pour sa part 7 exoplanètes à son tableau de chasse.

La liste des exoplanètes s'enrichit de plusieurs dizaines d'unités par an. Il est probable que plusieurs pourcents des étoiles de notre Galaxie comptent des planètes. Et comme il y a 200 milliards d'étoiles dans notre Galaxie, le nombre de planètes qui nous entourent atteint probablement plusieurs milliards. Quant à savoir combien de ces planètes abritent la vie, voire des êtres intelligents, nous n'en avons aucune idée pour l'instant. Les paris restent ouverts…

Où sommes-nous dans la Galaxie ?

Après la réalisation que nous ne sommes pas au centre du monde, mais que nous tournons autour du Soleil, après avoir découvert que notre Soleil n'est qu'une étoile parmi des milliards d'autres au sein d'un grand amas appelé Galaxie ou Voie Lactée, l'homme s'est quand même raccroché à une dernière branche pour flatter son

ego : que notre Soleil et sa suite sont au moins au centre de cette Galaxie. Ainsi, William Herschell, qui fut le premier astronome à correctement modéliser la Voie Lactée comme étant un disque d'étoiles vu par la tranche, nous plaçait « logiquement » au centre du disque.

Las ! Nous n'avons même pas ce privilège. Nous habitons à 27 000 années-lumière du centre galactique, soit aux deux tiers de la distance entre centre et périphérie. Au moins sommes-nous situés dans la Galaxie *intra muros*, et non pas en banlieue, comme ce serait le cas si nous habitions le petit Nuage de Magellan par exemple, qui se trouve excentré à une distance de 200 000 années-lumière du bord de la Voie Lactée.

En outre, nous habitons un joli quartier, en bordure de l'un de ces bras en spirale qui donnent à notre Galaxie une esthétique particulièrement réussie. Bien sûr, nous ne pouvons pas vraiment profiter du spectacle, tout comme une chenille vivant dans une rangée de buissons du Parc de Versailles n'a pas suffisamment de recul pour embrasser la symétrie des jardins à la française. Mais en cartographiant la distribution des étoiles et des nuages de gaz dans toutes les directions du ciel, on peut deviner la structure spiralée de la Voie Lactée et notre position au sein de celle-ci.

Pour les spécialistes, précisons que nous ne sommes pas certains de la forme exacte de notre structure spiralée, parmi les différents types de galaxies recensés dans l'Univers. Dans cette classification, dite de Hubble d'après l'astronome qui l'a mise au point, la Voie Lactée est une spirale « Sb » à bras assez repliés, ou « Sc » aux bras plus généreusement déployés. Certains astronomes pensent même que nous vivons dans une *spirale barrée* de type « SB », avec une « barre » rectiligne d'étoiles passant par le centre, aux extrémités de laquelle se déploient les bras. Vu de l'extérieur, notre Voie Lactée serait alors comparable aux galaxies M61 ou M83 que nous pouvons admirer au télescope.

Quoi qu'il en soit, nous sommes situés dans un bras de la spirale, c'est-à-dire dans une zone où le nombre de nuages de gaz et d'étoiles en formation est supérieur à la moyenne. Les bras ne sont pas des objets concrets et immuables, mais plutôt des ondes de gravité qui parcourent le disque galactique comme des vagues, compactant la matière sur leur passage. Ce faisant, elles allument de nouvelles étoiles au sein des nuages de gaz qu'elles bousculent : les bras galactiques se distinguent par un grand nombre de jeunes et brillantes étoiles bleues.

Notre Galaxie affiche au moins quatre grands bras concentriques, avec quelques ébauches de bras intermédiaires. On les nomme d'après les directions du ciel — c'est-à-dire les constellations — où les astronomes ont identifié leurs nuages gazeux et autres indices caractéristiques. Du centre galactique vers l'extérieur, on dénombre ainsi les bras principaux du Centaure, du Sagittaire, de Persée et du Cygne. Le Soleil est situé sur le bord intérieur du troisième bras — celui de Persée —, région que l'on peut d'ailleurs assimiler à l'ébauche d'un bras intermédiaire, un « pont » auquel on donne le nom de « bras local » ou bras d'Orion.

Voilà pour notre position dans l'espace, sachant qu'elle n'est pas immuable dans le temps. Le Soleil se déplace en effet dans la Galaxie, et nous sommes entraînés dans sa ronde !

Où est-ce que le Soleil nous entraîne ?

Si la Terre se déplace autour du Soleil, à la vitesse moyenne de 30 kilomètres par seconde (un peu plus de 100 000 kilomètres/heure), le Soleil se déplace lui aussi. Il circule autour du centre de la Galaxie, car toute la matière de celle-ci est animée d'un lent mouvement de rotation. À 27 000 années-lumière du centre galactique, le Soleil en effectue le tour en environ 250 millions d'années, soit à la vitesse relative de 220 kilomètres par seconde. Depuis que le Soleil et la Terre sont nés, il y a près de cinq milliards d'années, ils ont donc fait ensemble le tour de la Galaxie une vingtaine de fois.

Comme toutes les étoiles suivent des trajectoires indépendantes, il s'ensuit de lents changements de perspective dans notre ciel étoilé. Ils ne sont guère sensibles à l'échelle d'une vie humaine : les constellations nous paraissent immuables. Pourtant, celles-ci changent d'aspect au fil des millénaires. Dans la Grande Ourse, par exemple, les étoiles aux deux extrémités s'écartent des autres, de sorte que le motif se déforme et même s'inverse, le carré s'aplatissant en une ligne et la queue se cabrant pour devenir un carré !

Indépendantes qu'elles sont, certaines étoiles restent quelque peu groupées, parce qu'elles sont nées dans un nuage commun. D'autres étoiles venues d'ailleurs peuvent aussi traverser un groupe et y figurer momentanément. Ainsi, le Soleil fait actuellement partie du même groupe que les étoiles centrales de la Grande Ourse. Quant à notre ronde autour du centre galactique, elle se fait dans la direction de la constellation du Cygne.

Et notre Galaxie, où va-t-elle ?

La Terre tourne donc autour du Soleil, à la vitesse de 30 kilomètres par seconde, et le Soleil nous entraîne autour du centre galactique à la vitesse de 220 kilomètres par seconde. Et notre Galaxie elle-même, vers où se dirige-t-elle ?

En effet, l'Univers ne s'arrête pas à notre Galaxie. On estime que l'Univers observable compte près de 100 milliards de galaxies, dispersées dans un volume… qui est en expansion ! Les galaxies s'éloignent les unes des autres, comme des points marqués au stylo-feutre sur l'enveloppe d'un ballon que l'on gonfle ! Localement, il y a des exceptions, plusieurs galaxies pouvant rester groupées par le jeu de leur attraction gravitationnelle, et ce sont surtout les groupes qui s'éloignent les uns des autres.

Ainsi, notre Galaxie appartient à un « amas local » d'une cinquantaine de galaxies regroupées dans un rayon de cinq à dix millions d'années-lumière, dont trois grosses : la nôtre, la galaxie d'Andromède (M31) et la galaxie du Triangle (M33). Attirés mutuellement en raison de leurs masses importantes, Andromède et notre propre Galaxie sont d'ailleurs en train de se rapprocher l'une de l'autre à la vitesse de 100 kilomètres par seconde. À ce rythme, les deux galaxies se télescoperont en un carambolage géant d'étoiles, d'ici trois à quatre milliards d'années. On a le temps de voir venir ! Et il n'y a pas non plus raison de s'inquiéter : il y a tellement d'espace vide entre les étoiles que la fusion sera comparable à celle de deux nuages de moucherons — le nuage résultant de moucherons est plus volumineux et plus dense, mais les moucherons ne se percutent pas, sauf affinités.

À plus grande échelle, notre amas local de galaxies fait lui-même partie d'un superamas rassemblant une centaine de groupes de galaxies dans un rayon d'environ 100 millions d'années-lumière, que l'on appelle le superamas de la Vierge. Ce rassemblement de plusieurs milliers de galaxies n'est lui-même qu'une maille dans le réseau immense de l'espace, constitué surtout de vide. De fait, on peut comparer l'Univers en expansion à un bain de mousse géant, où les amas de galaxies seraient les surfaces de contact entre les bulles.

Quant à la taille de cet Univers en expansion, elle serait d'environ 100 milliards d'années-lumière entre « bords » opposés, si tant est que la notion de « bord » ait un sens. En effet, non seulement les frontières s'élargissent, mais elles ne sont qu'apparentes, n'englobant que l'Univers « observable » par les lois de la physique. Ce qu'il y a au-delà est un autre problème que les physiciens tentent de résoudre à coup d'équations.

Voilà qui met la Terre en perspective dans un Univers aux dimensions déroutantes. Et comme si cela ne suffisait pas, il nous faut aussi situer la Terre dans l'abîme du temps.

2

Quel est l'âge de la Terre ?

Localiser la Terre dans l'espace est déjà un redoutable exercice. La situer dans l'abîme du temps ne l'est pas moins. Quel est l'âge de la Terre ? Comment le sait-on ? Et où cela nous place-t-il dans l'histoire de l'Univers ?

Le mythe de la création

La question des origines est au cœur de nombre de religions et de philosophies. Chaque culture possède son propre mythe de la création. Pour les Hindous, le temps est cyclique plutôt que linéaire, avec des phases de création et de destruction, sans commencement ni fin. Dans la Grèce Antique, le philosophe Aristote (384-322 av. J.-C.) propose lui aussi un univers qui serait éternel.

Mais l'idée d'une chronologie et d'un commencement est la plus répandue. Dans le coran de l'Islam, les cieux et la Terre, après leur séparation, se condensent à partir de vapeurs — une création qui dure six unités de temps, d'une durée non spécifiée. Dans l'Ancien Testament, il est aussi question de six « jours », pour la création du monde, la durée du jour étant sujette à débat. Quant au temps écoulé depuis cette création, le modèle judéo-chrétien permet de l'estimer, à partir du moment où l'on admet que l'histoire de l'humanité se confond avec celle de la planète. Ainsi, en comptant le nombre de générations qui se sont succédées depuis Adam et Ève, les théologiens pensent obtenir l'âge de la Terre.

C'est la méthode employée en 1650 par James Ussher (1581-1656), archevêque et primat d'Irlande du Nord, qui calcule d'après les Saintes Écritures que Dieu créa le cosmos le dimanche 23 octobre 4004 avant Jésus-Christ (quel boulot pour un dimanche !) et termina son œuvre par la création de l'Homme, le vendredi 28 octobre.

Philosophes et hommes de science vont questionner ce modèle biblique, centré sur l'Homme, car nombre d'observations sont difficiles à expliquer dans un calendrier aussi serré. En particulier, géologues et biologistes soupçonnent, d'après l'épaisseur des sédiments et la diversité des fossiles — restes d'espèces disparues — que la chronologie de la Terre est bien plus longue que les 6 000 ans annoncés.

Qu'est-ce que le temps ?

Le temps est une dimension de l'Univers, au même titre que l'espace. Il a la particularité d'être unidirectionnel : il ne s'écoule que dans un sens. Pour mesurer cet écoulement du temps, on se base sur des changements qui ont un rythme uniforme, comme l'écoulement du sable dans un sablier, ou de l'eau dans une clepsydre. La rotation de la Terre s'effectue elle aussi à un rythme constant : sa durée définit le *jour* qui est l'une des principales unités du temps. De même, la révolution de la Lune autour de la Terre définit *le mois*, et la révolution de la Terre au-dessus du Soleil définit l'*année*.

D'autres unités de temps ont été inventées par l'homme. Ainsi, la *semaine* le fut par les Hébreux et vaut sept jours, en hommage aux sept astres qui se déplacent dans le ciel : Dimanche est le jour du soleil (*Sunday* chez les Anglais), lundi est celui de la Lune, mardi honore Mars, mercredi Mercure, jeudi Jupiter, vendredi Vénus, et samedi Saturne.

D'autre part, le jour a été artificiellement divisé en 6 périodes ou « veilles » par les Babyloniens et les Égyptiens, qui comptaient en base 6 ou en base 60, plutôt que dans le système décimal. Par la suite, ils subdivisèrent ces 6 veilles en 12 veilles (6 de jour et 6 de nuit), qu'ils divisèrent de nouveau par deux en 24 unités pour plus de précision : ainsi est née *l'heure*.

En vertu du système sexagésimal (à base 60), l'heure fut ensuite subdivisée en 60 *minutes*, et la minute en 60 *secondes*. Unité universelle du temps, la seconde est donc définie comme étant ce sous-multiple de la durée d'une rotation de la Terre. Comme cette rotation varie légèrement en fonction de facteurs astronomiques, on a récemment redéfini la seconde comme valant un certain nombre de vibrations d'un atome (en l'occurrence le césium), qui se déroulent à un rythme constant. C'est le principe de l'horloge atomique.

Les roches se mettent à parler

Au dix-septième siècle, le Danois Nicolas Sténon (1638-1686) établit que dans une succession de couches rocheuses, les plus anciennes se trouvent au bas de la pile et les plus jeunes au sommet. Ainsi, les sédiments déposés au fond des mers antiques constituent une échelle du temps. D'autre part, comme les fossiles à l'aspect le plus primitif se trouvent systématiquement dans les couches inférieures et que ceux à l'aspect le plus moderne sont logés dans les couches supérieures, l'idée prend forme que les espèces vivantes n'ont pas toutes été créées à l'origine du monde, mais qu'elles ont évolué au fil du temps, concept qu'explorent chacun de son côté Charles Darwin (1809-1882) et Alfred Wallace (1823-1913).

Pour que le lent processus de l'évolution accouche de toutes les formes observées actuellement, en passant par toutes les formes aujourd'hui disparues et retrouvées sous forme de fossiles, il faut du temps. Beaucoup de temps. Mais il reste à trouver une méthode pour calculer cette durée.

Pour avoir une idée de l'ordre de grandeur en question, Charles Darwin tente de mesurer le temps nécessaire à un fleuve pour creuser sa vallée. Il étudie le cas du Weald, une large vallée du Sud-est de l'Angleterre, mais ses calculs fantaisistes sont vivement critiqués. Le géologue anglais John Phillips (1800-1874) préfère calculer le taux de sédimentation à l'embouchure des fleuves — il prend le Gange en exemple — et applique ce taux à l'épaisseur totale des sédiments empilés sur la Terre, qu'il estime à 22 kilomètres. Par cette méthode, il obtient un âge minimum de 96 millions d'années. La Terre prend un sacré coup de vieux !

L'Irlandais John Joly (1877-1933) suit un autre raisonnement. Il mesure la quantité infime de sel dissous dans l'eau des fleuves, et la compare à la salinité élevée des océans qui ont accumulé ce sel au fil du temps. Joly en déduit que l'opération a réclamé de 90 à 100 millions d'années, ce qui est en accord avec les calculs de sédimentation. Les géologues tiennent une piste, et même deux !

Quand la physique s'en mêle

Mais une autre voie s'ouvre aux chercheurs. En 1770, bien avant les calculs de salinité et de sédimentation, Georges-Louis Leclerc, comte de Buffon (1707-1788), explore l'hypothèse que la Terre était une boule de feu à ses débuts, et que l'on peut calculer le temps qu'elle a mis pour refroidir jusqu'à sa température actuelle.

Propriétaire d'une forge, Buffon fabrique à cette fin des boules d'acier de différentes tailles, qu'il chauffe à blanc, et il mesure leur taux de refroidissement. Comme la Terre n'est pas faite d'acier, mais contient surtout des roches, il répète l'opération avec des boules d'argile et de marbre. En extrapolant les résultats à une sphère de la taille de la Terre, Buffon trouve un âge de 74 936 ans pour la planète. C'est un peu court, pense le naturaliste au regard de l'épaisseur des sédiments terrestres, mais c'est un début. Dans ses notes manuscrites, il penche plutôt pour des durées de l'ordre du million d'années.

Les calculs de Buffon sont simplistes, mais la méthode fait des émules. En 1862, le physicien anglais William Thomson (1824-1907), qui reçoit plus tard le titre de Lord Kelvin pour sa remarquable carrière, repart du principe que la Terre est née en fusion, et trouve un âge plus réaliste pour son refroidissement : entre 100 et 400 millions d'années. Tout au long de sa vie, il ne cesse d'affiner ses calculs, penchant d'abord pour sa limite basse de 100 millions d'années, puis l'abaissant progressivement à 50 millions, et enfin à 24 millions d'années.

Mais ces calculs ne satisfont toujours pas les spécialistes des fossiles, qui voient mal comment la vie a pu évoluer à travers tant de formes animales différentes en si peu de temps. Rien qu'en examinant les fossiles de mollusques des sédiments les plus récents — l'ère « tertiaire » —, le géologue anglais Charles Lyell (1797-1875) estime à 80 millions d'années la durée de ce seul troisième acte de l'histoire du vivant. Alors en ajoutant les deux premiers actes, ainsi que toutes les strates rocheuses sans fossiles qui les ont précédés, l'âge de la Terre devait être bien supérieur aux chiffres annoncés par Kelvin. Qu'est-ce qui clochait dans le raisonnement des physiciens ?

Un chronomètre magique

La situation est débloquée à partir de 1896, grâce à la découverte de la radioactivité par le chimiste français Henri Becquerel (1852-1908). La radioactivité est la propriété qu'ont certains éléments, instables par nature, de se désintégrer en atomes moins lourds, avec émission de particules et de rayonnements énergétiques — donc de chaleur — au passage. Pierre Curie (1859-1906) souligne que l'élément radium, nouvellement découvert, produit suffisamment d'énergie en se désintégrant pour fondre l'équivalent de son poids en glace en moins d'une heure.

Les géologues sont prompts à en tirer les conséquences : les éléments radioactifs à l'intérieur de la Terre lui procurent un chauffage permanent qui complique les calculs du refroidissement du globe. De fait, ils augmentent obligatoirement le temps nécessaire à ce refroidissement, c'est-à-dire l'âge de la Terre.

Mais il y a mieux : les physiciens Ernest Rutherford (1871-1937) et Frederick Soddy (1877-1956) découvrent que les éléments radioactifs se désintègrent à un rythme constant, caractéristique de leur espèce et que l'on peut mesurer au laboratoire. Ainsi, le radium voit la moitié de ses atomes se désintégrer en 1 602 ans : c'est ce qu'on appelle la *demi-vie* de l'élément. Si un échantillon de roche possède 10 grammes de radium, il n'en contient plus que 5 grammes au bout de 1 602 ans, 2,5 grammes au bout de 3 204 ans, et ainsi de suite. D'autres atomes radioactifs sont plus lents à se désintégrer : la forme d'uranium la plus courante met 4,5 milliards d'années à voir son stock diminuer de moitié.

En se désintégrant, les éléments initiaux appelés « pères » se transforment en éléments secondaires appelés « fils ». Les chercheurs réalisent qu'en mesurant dans une roche la quantité d'éléments pères et d'éléments fils, ils peuvent calculer depuis combien de temps le processus de désintégration a œuvré dans la roche, c'est-à-dire son âge.

En 1904, Rutherford applique la technique à un minerai d'uranium en sa possession et lui calcule un âge de 40 millions d'années, qu'il révise l'année suivante à 140 millions d'années. En deux coups de cuiller à pot, il trouve un chiffre plus élevé que les estimations de Lord Kelvin ! La Terre est condamnée à prendre un sacré coup de vieux.

Disciple de Rutherford, le chimiste américain Bertram Boltwood (1870-1927) date de nouvelles roches et trouve des âges de plusieurs centaines de millions d'années. Il en est de même pour le géologue anglais Arthur Holmes (1890-1965) qui trouve un âge de 340 millions d'années pour des roches de la période Carbonifère, et de 430 millions d'années pour des roches du Silurien — périodes connues pour leurs fossiles. En considérant l'étendue des temps géologiques qui ont précédé ces périodes à fossiles, les chercheurs commencent à se douter que l'âge de la Terre dépasse très probablement le milliard d'années.

Quelles sont les plus vieilles roches de la Terre ?

Cerner l'âge de la planète nécessite de découvrir ses roches les plus anciennes : une véritable course au trésor. Les géologues savent que les plus vieux terrains du globe se trouvent au centre des continents. Ceux-ci ont en effet « grandi » au fil du temps par ajouts successifs de terrains plus jeunes en périphérie. C'est donc au cœur des continents, appelés *boucliers*, que se focalise cette quête du Graal.

Ce sont d'abord les minerais d'uranium et de plomb que les géologues vont traquer, car ils se prêtent particulièrement bien aux méthodes de datation, l'uranium se désintégrant pour donner du plomb. C'est ainsi qu'un minéral uranifère du bouclier scandinave livre un âge d'environ un milliard d'années, puis à l'aube de la Seconde Guerre mondiale, un minéral du bouclier canadien accuse 2,2 milliards d'années !

Les géologues voguent de succès en succès. À mesure que leurs techniques s'affinent, ils ne sont plus limités aux seuls minerais uranifères, et peuvent élargir leurs mesures à d'autres roches continentales, d'aspect encore plus ancien. C'est notamment le cas des *gneiss*, roches enfouies jadis en profondeur, qui sont déformées par les fortes températures et pressions qu'elles y ont subies. Elles montrent une alternance de bandes minérales sombres et claires, du plus bel effet.

Au fil du vingtième siècle, la chasse aux gneiss va faire tomber le record de la plus vieille roche terrestre à plusieurs reprises. Ce sont d'abord des gneiss prélevés au cœur du bouclier australien qui vont occuper la tête du classement avec des âges de 3,4 à 3,6 milliards d'années : un nouveau saut dans l'abîme du temps !

Encore plus anciennes sont les roches d'Isua, dans l'ouest du Groenland, qui atteignent 3,8 milliards d'années. Mais la palme revient à un petit affleurement de gneiss au Nord-ouest du Canada, près du lac du Grand Ours. Appelé gneiss d'Acasta, il accuse un âge de 4,03 milliards d'années. Qui dit mieux !

Des roches plus anciennes ne semblent plus exister à la surface de la Terre : elles auraient été pulvérisées par les nombreux impacts d'astéroïdes de l'époque, et leurs débris émiettés par l'érosion. Mais il en reste justement quelques miettes : leurs minéraux les plus durs, et notamment le zircon, ont survécu à toutes les attaques.

Silicate de zirconium, de formule $ZrSiO_4$, le zircon est connu pour sa beauté : son éclat rivalise avec celui du diamant. Comme lui, il peut être incolore, mais il est souvent teinté de jaune, d'orange ou de rouge. Outre le fait que le zircon est extrêmement résistant et peut survivre à des milliards d'années d'abrasion, il est particulièrement facile à dater, car son cristal renferme des quantités non négligeables d'uranium : jusqu'à 1 %.

C'est un grain de zircon, originaire d'Australie, qui détient le record absolu du plus vieux matériau terrestre : 4,4 milliards d'années. On se rapproche de l'âge ultime : celui de la création de la Terre elle-même. Mais il est difficile de remonter plus loin : toute matière plus ancienne que les zircons d'Australie a vraisemblablement été refondue dans la fournaise de magma qui sévissait à l'époque, lorsque les gros astéroïdes bombardaient la surface terrestre.

Les plus vieilles roches de France

L'Europe possède des roches très anciennes, même si elles ne rivalisent pas avec celles du Canada et d'Australie. On en trouve en Norvège et en Suède, au cœur du boulier scandinave, mais aussi à l'extrémité occidentale du continent, ce qui constitue une surprise : les plus vieilles roches d'Europe affleurent en Bretagne et en Normandie. Leur âge est estimé à *deux milliards* d'années : près de la moitié de l'âge de la Terre !

Comme pour la plupart des roches anciennes, il s'agit de *gneiss* qui alternent des bandes minérales de couleurs différentes. Ici le rose le dispute au bleu pâle, avec de gros cristaux ovales de feldspath clair qui ressemblent à des yeux. On les appelle pour cette raison *gneiss œillés* et plus précisément *gneiss icartiens*, par référence à Icart Point dans l'île anglo-normande de Guernesey où ils affleurent. On les trouve aussi sur la péninsule du Cotentin au pied des falaises de Jobourg, mais surtout dans la péninsule du Trégor, dans les Côtes d'Armor.

L'affleurement breton, de quelques centaines de mètres de large seulement, prend le Trégor en écharpe de Ploumanac'h à Trébeurden – communes où les roches sont le mieux visibles, car dégagées par l'érosion marine le long du littoral. Sous le sémaphore de Perros-Guirec en particulier, un sentier littoral part en direction de l'anse de Porz Rolland et de ses beaux granites roses. Depuis le parking sous le sémaphore, il faut descendre le talus jusqu'à la grève, où l'on marche sur des roches bleu clair à bleu sombre, pris en sandwich entre les pans de granite rose : ce sont les gneiss en question. Au pied du talus, admirez les galets polis par les vagues, qui montrent leur belle texture bandée, rose et bleu pâle. Et songez que du coin de leurs yeux de feldspath, deux milliards d'années vous contemplent !

Comment est née la Terre ?

Il existe une astuce pour épingler l'âge de la Terre : dater la matière dont elle est née, mais qui n'a pas été incorporée à la planète et a échappé aux spasmes destructeurs de sa création. Il s'agit des astéroïdes et des comètes qui circulent autour du Soleil, et qui sont des restes virtuellement intacts qui remontent à la genèse du Système Solaire.

Planètes, astéroïdes et comètes sont nées en effet à partir d'un même nuage primitif de gaz et de poussières, vite aplati sous forme de disque autour de notre étoile en gestation. Les modèles par ordinateur enseignent que les particules se sont condensées dans le disque en cours de refroidissement, puis se sont agglutinés en blocs de plus en plus gros jusqu'à mesurer plusieurs kilomètres de taille, en quelques millions d'années seulement. Puis les blocs sont entrés en collision au cours de leur ronde autour du Soleil, s'agglomérant en blocs de plusieurs milliers de kilomètres de taille, appelés *planétoïdes*. Au nombre de plusieurs dizaines, ils sont entrés à leur tour en collision, jeu de massacre dont sont sorties victorieuses un nombre réduit de grosses planètes, dont la Terre.

Les astronomes estiment donc à quelques dizaines de millions d'années le temps écoulé entre la condensation des premières particules autour du Soleil, la création de blocs kilométriques de la taille d'astéroïdes, et leur rassemblement en planètes, Terre comprise. Il suffit donc de trouver et de dater des échantillons d'astéroïdes pour obtenir l'âge de la création de la Terre, à quelques dizaines de millions d'années près. Or nous disposons d'échantillons d'astéroïdes : ce sont les météorites !

Le témoignage des météorites

Il tombe des météorites sur Terre tous les jours, mais il faut les trouver, avoir l'œil pour les distinguer des roches terrestres parmi lesquelles elles se cachent.

Un endroit sur Terre en recèle une quantité appréciable : les abords du Meteor Crater en Arizona, où un astéroïde est venu s'écraser, il y a près de 50 000 ans. Des morceaux du projectile s'en sont détachés avant l'impact, arrosant le désert alentour de météorites. Un cours d'eau éphémère en a concentré dans son lit, dont ils ont pris le nom : ce sont les météorites de Cañon Diablo — la ravine du diable.

Dans les années 1950, en se fiant aux concentrations de plomb contenu dans les météorites de Cañon Diablo, le chimiste Clair Patterson (1922-1995) obtient un âge de 4,55 millions d'années pour la création de ces corps primitifs qui se sont formés en même temps que la Terre. Depuis ces premières datations de météorites, d'autres ont suivi et tous les âges se recoupent dans une fourchette comprise entre 4,53 et 4,57 milliards d'années, avec une marge d'erreur dans les mesures de seulement 1 %. Autrement dit, on connaît l'âge de la Terre à 50 millions d'années près, et on peut camper sur ce chiffre de 4,55 (± 0,05) milliards d'années avec confiance pour la date de création de la planète.

Et l'âge de l'Univers ?

Il ne faut toutefois pas confondre la création de la Terre et la création de l'Univers, qui est bien plus ancienne. La Terre n'est pas au centre du monde, et ne date pas de l'origine du monde non plus ! L'Univers s'est passé de nous durant la majeure partie de son histoire, et l'apparition du Soleil et de son cortège de planètes est relativement récente. Mais cela, comment le sait-on ?

Déjà, des considérations théoriques sur la vie des étoiles, et l'analyse de leurs atomes radioactifs à travers leur lumière, indiquent que certaines d'entre elles brillent depuis plus de dix milliards d'années. Mais c'est surtout la découverte que l'Univers tout entier est en expansion, qui permet de calculer son âge.

C'est au cours des années 1920 que les astronomes découvrent le pot-aux-roses. Aux commandes de grands télescopes, ils analysent la lumière venue des galaxies lointaines et constatent un étrange phénomène : plus les galaxies sont lointaines, plus vite elles s'éloignent de nous, un mouvement qui est trahi par le décalage de leur lumière du bleu vers le rouge, c'est-à-dire une chute de leur fréquence lumineuse, ce qu'on appelle *l'effet Doppler*. Ce phénomène de physique est illustré par le son d'une ambulance qui nous croise sur la route : sa sirène devient plus grave lorsqu'elle s'éloigne de nous.

Or toutes les galaxies lointaines, dans toutes les directions du ciel, ont une fréquence lumineuse plus « grave » (plus rouge) que si elles étaient au repos, la seule explication étant que l'Univers est en expansion, tel un ballon en train de gonfler. En poursuivant cette analogie, si on représente sur le ballon les galaxies — y compris la nôtre — par des points, alors à mesure que le ballon gonfle, tous les points s'écartent les uns des autres, les points les plus éloignés du nôtre étant ceux qui s'en éloignent le plus vite, car toute l'enveloppe du ballon est en expansion !

Indépendamment de cette découverte de la « fuite » des galaxies, épinglée en 1929 par l'astronome américain Edwin Hubble (1889-1953), le physicien russe Alexander Friedman (1888-1925) et le prêtre et physicien belge Georges Lemaître (1894-1966) en sont venus à la même conclusion par des calculs purement théoriques : l'Univers doit être né à partir d'un point infiniment dense et chaud qui est parti en expansion.

Appelé théorie du *Big Bang*, non seulement ce modèle a été confirmé par de nombreuses observations depuis, mais il permet de calculer l'âge de l'Univers. En connaissant l'écartement actuel et la vitesse de séparation des galaxies, il suffit en effet de repasser le film à l'envers jusqu'au moment où toutes les galaxies se retrouvent au point de départ, c'est-à-dire de remonter à l'origine de l'espace et du temps. En faisant le calcul, on apprend ainsi que le démarrage de cette expansion universelle — la création de l'Univers — eu lieu il y a 13,73 milliards d'années, à une centaine de millions d'années près (une incertitude de 1 % seulement).

Peu après ce démarrage tonitruant, les premières galaxies se sont formées au bout de quelques dizaines de millions d'années, y compris notre propre Voie Lactée, il y a 13,6 milliards d'années environ. Mais le Soleil ne fut pas parmi les premières étoiles à s'allumer dans notre Galaxie, loin s'en faut. Nous avons vu que sa naissance, et celle de la Terre, s'est déroulée il y a 4,55 milliards d'années, soit un peu plus de 9 milliards d'années après l'origine de l'Univers : celui-ci s'est donc passé de nous durant les deux premiers tiers de son histoire. Notre ego s'en trouve une nouvelle fois égratigné !

Une brève histoire de la Terre

Se représenter des millions et des milliards d'années n'est pas facile. Un million d'années, c'est déjà 10 000 siècles, ou environ 40 000 générations humaines ! Or l'histoire de la Terre compte 4 550 millions d'années…

Une façon imagée de se représenter cette longue histoire, c'est de la ramener à une échelle plus facile à appréhender, par exemple à une année de notre calendrier. À ce jeu, disons que la Terre est née le 1er janvier à 0 heure, et que son histoire s'étend jusqu'au 31 décembre à minuit, qui est l'époque actuelle. En divisant les 4,55 milliards d'années de notre histoire par douze mois, chaque mois de notre calendrier fictif représente 380 millions d'années, chaque jour 12,5 millions d'années, et chaque heure un peu plus de 500 000 ans. Chaque minute vaut environ 9 000 ans et chaque seconde 150 ans.

Le mois de janvier, premier douzième de l'histoire de la Terre, est à oublier. C'est une époque que les géologues qualifient d'Hadéen — par référence à Hadès, le dieu grec des enfers —, tellement la Terre a essuyé de collisions d'astéroïdes qui ont dû vaporiser ses océans à de multiples reprises et fait fondre la croûte rocheuse maintes fois en magma. Il ne reste d'ailleurs de cette époque que les quelques grains de zircon que nous avons évoqués, et pas la moindre roche intacte.

Le mois de février, il y a 4,2 à 3,8 milliards d'années, ne vaut guère mieux, la Terre continuant de balayer les astéroïdes et les comètes sur sa trajectoire autour du Soleil. C'est d'ailleurs à cette époque que la Lune s'est dotée des derniers grands bassins d'impact — mer des Crises, océan des Tempêtes — qui balafrent sa face visible. Sur Terre, quelques rares provinces ont survécu à ce « bouquet final » : les plus vieilles roches de la planète, comme les gneiss d'Australie et du Canada, datent de cette époque. On y place aussi l'origine de la vie, d'après quelques indices ténus contenus dans ces roches primitives, telle leur teneur particulière en carbone.

Après l'hiver, le printemps : le mois de mars voit la fin du grand bombardement. Les grands impacts se faisant rares, les océans cessent de bouillir à tout va : la vie peut s'y développer de façon durable. On découvre dans les sédiments de cette époque les premiers microfossiles de cellules bactériennes et autres algues primitives, vieilles de 3,5 milliards d'années.

Ce printemps de la vie, qui se cantonne dans les mers, nous est peu connu, car peu de roches nous restent de cette époque, comme pour les mois précédents. Les algues monocellulaires et autres bactéries apprennent à vivre en colonies, et laissent comme trace de cette union des monticules rocheux bâtis de leurs restes : les *stromatolites*. Cela étant, avril et mai ne semblent pas compter de gros événements, jusqu'à ce qu'une crise climatique majeure survienne il y a 2,5 milliards d'années. Peut-être est-ce la prolifération d'algues et de protozoaires qui pompe le dioxyde de carbone hors de l'océan et de l'atmosphère : en bridant ainsi l'effet de serre, elle aurait déclenché une glaciation. Frileuse mi-temps pour l'histoire de la Terre ! Mais heureusement, la crise ne dure pas longtemps.

Notre compagnon, la Lune

Comment est-elle née ?

La création de la Terre, il y a un peu plus de 4,55 milliards d'années, fut une entreprise chaotique et violente : des planétoïdes de plusieurs centaines à plusieurs milliers de kilomètres de taille se sont amalgamés au gré des collisions pour bâtir notre planète. Il semblerait que l'un des objets qui nous percuta fut particulièrement massif, pratiquement de la taille de Mars (autour de 5 000 km de diamètre). Cette rencontre catastrophique s'apparenta à celle de deux œufs que l'on fracasse ensemble, les deux « jaunes » se rassemblant en un seul pour former le gros noyau terrestre, alors qu'une partie du

« blanc » gicla dans l'espace – partiellement vaporisée par la chaleur de la collision – pour se condenser en un anneau de débris autour de la Terre. C'est cet anneau de débris qui s'est alors rassemblé pour former la Lune.

Ainsi explique-t-on l'origine de notre gros satellite naturel, le scénario de la collision étant validé par la composition chimique des roches lunaires, qui exhibe une composante terrestre héritée de la collision, ainsi que par les simulations sur ordinateur. L'origine exceptionnelle du couple Terre-Lune est d'ailleurs soulignée par le fait que la Terre est la seule planète rocheuse à posséder un gros satellite : ni Mercure, ni Vénus, ni Mars ne disposent d'un tel compagnon. Les planétologues considèrent d'ailleurs la Terre comme étant une planète « double ».

La Lune s'éloigne

Le couple Terre-Lune est stable, mais n'a nullement sombré dans l'ennui : il évolue sans cesse. La distance moyenne Terre-Lune est actuellement de 384 400 kilomètres (la distance varie de près de 10 % au cours du mois en raison de la forme elliptique de l'orbite lunaire). Toutefois, les mesures de distance effectuées par laser montrent que cette distance augmente de 3 centimètres par an. Ce n'est pas négligeable : à ce rythme, l'éloignement croît de 30 kilomètres par million d'années, (30 000 kilomètres par milliard d'années). Cet éloignement progressif est une conséquence de la force gravitationnelle qui lie les deux corps : l'effet de marée.

Le phénomène des marées

Les parties fluides de la Terre, notamment les océans, sont attirées par la Lune pour former un bourrelet dans sa direction : la hauteur du bourrelet est d'un demi-mètre en plein océan, mais de complexes interférences dans certains bras de mer peuvent localement l'amplifier pour lui faire atteindre plus de 15 mètres, comme dans les baies de Fundy (Canada) et du Mont Saint-Michel. Il y a en fait deux bourrelets aux antipodes l'un de l'autre (le phénomène de marée faisant preuve de symétrie) et comme la Terre tourne sur elle-même, la planète essuie deux marées hautes par jour dans la plupart des lieux.

Le bourrelet d'eau situé à l'aplomb de la Lune ne se trouve pas exactement dans l'alignement de notre satellite naturel : la rotation terrestre l'emporte en effet vers l'est, et ce décalage crée un couple de forces qui modifie l'équilibre du couple Terre-Lune. Situé quelques centaines de kilomètres « en avant de la Lune », le bourrelet tire sur cette dernière, ce qui a pour effet d'accélérer son mouvement orbital autour de la Terre : en mécanique céleste, cela se traduit par un éloignement de la Lune sur une orbite de plus en plus grande, d'où le fait que la distance Terre-Lune augmente de 3 centimètres par an.

La Lune ralentit la Terre

Par symétrie, si le bourrelet des marées, emporté par la rotation terrestre, tire la Lune en avant, la Lune tire sur le bourrelet pour le retenir en arrière. Notre satellite agit donc à la façon d'un frein et la friction du bourrelet d'eau sur le fond océanique ralentit la rotation de la Terre. Ainsi calcule-t-on que notre période de rotation augmente de 1,6 millième de seconde par siècle, soit de 16 secondes par million d'années. À ce rythme, la durée du jour augmente d'une heure tous les 200 millions d'années environ. La preuve de ce ralentissement est gravée dans les anciens sédiments : en remontant dans le temps, on note bien que la Terre tournait plus vite autrefois. Dans des fossiles coralliens âgés de 350 millions d'années, on compte en effet 400 lamelles de croissance diurnes par « paquet » annuel : l'année comptait donc 400 jours à l'époque, ce qui veut dire que la durée du jour valait un peu moins de 22 heures.

Quand est-ce que la vie prend son envol ?

Peut-être la crise a-t-elle secoué un écosystème paresseux qui se reposait sur ses lauriers (façon de parler, la végétation n'est pas encore apparue), toujours est-il qu'au mois de juillet, la vie fait quelques progrès notables. Le noyau cellulaire est inventé — forteresse de la reproduction — et les algues découvrent les bienfaits de la photosynthèse : elles tirent leur énergie du dioxyde de carbone dissous dans l'eau, combiné à l'action de la lumière solaire. Au passage elles rejettent un déchet toxique et encombrant dans l'eau et dans l'atmosphère, qui a pour nom oxygène. Ce nouveau venu va progressivement « polluer » l'atmosphère, et plus rien ne sera jamais comme avant.

La fin de l'été — août et septembre — ne voit pas d'autres grandes révolutions au sein du monde vivant, alors que d'un point de vue géologique, la *tectonique des plaques* et la dérive des continents, que nous relaterons dans un prochain chapitre, s'affirment comme les grands moteurs de l'évolution du paysage, tant d'un point de vue vertical qu'horizontal : la géographie de la Terre change constamment !

C'est seulement à l'automne que la vie change véritablement de dimension, lors d'un mois d'octobre très mouvementé, car la Terre essuie des crises climatiques impressionnantes. Elle se transforme à plusieurs reprises, il y a environ un milliard d'années, en « boule de neige » aux océans gelés, comme nous le verrons dans un prochain chapitre dédié aux climats.

La vie primitive est apparemment bien secouée par ces événements, mais en sort grandie, en accouchant des premières formes animales, faites de collection sophistiquées de cellules, du genre méduse. Cette vie animale est balbutiante, et encore bien molle dans sa structure, mais ses empreintes sont gravées dans quelques rares et précieuses argiles, comme à Ediacara en Australie.

Mais il faut attendre la mi-novembre pour que la vie complexe démarre véritablement, il y a environ 540 millions d'années, en un embranchement de formes nouvelles, d'architectures révolutionnaires, qui donnent naissance à toutes les grandes branches du monde vivant, y compris celle des vertébrés qui vont avoir le succès que l'on sait. C'est à partir de cette époque, appelée Cambrien, que les êtres vivants laissent des restes solides : dents, coquilles et ossements vont se minéraliser en fossile — lorsque les conditions sont propices — et nous raconter en détail l'histoire de l'évolution.

Décembre : le mois des dinosaures

Ce n'est que dans les tout derniers jours de novembre que la vie sort de l'eau, sous la forme des premières mousses et plantes primitives qui s'aventurent sur le littoral et les berges des fleuves, suivis de près par les insectes. Jusqu'alors, durant 90 % de son histoire, la terre ferme est restée minérale et nue. Les premiers animaux vertébrés à mettre pied sur la terre ferme, les amphibiens, ne débarquent que le 1er décembre !

Cette première semaine de décembre va être très animée, puisque la terre ferme voit s'épanouir les plantes vasculaires et notamment les premiers arbres — et que les amphibiens accouchent d'une nouvelle lignée de vertébrés qui pondent des œufs à coquilles, qui ne se dessèchent pas, ce qui permet à ces animaux de coloniser des terrains de plus en plus éloignés des points d'eau. Ainsi naissent les premiers reptiles.

Cela étant, cette belle évolution n'est pas exempte de coups durs, puisque dans la nuit du 11 au 12 décembre dans notre calendrier, il y a 250 millions d'années, une catastrophe encore inexpliquée massacre le monde vivant. Seules 10 % des espèces animales et végétales survivent cette crise de la fin du Permien. Au petit matin du 12 décembre, les espèces rescapées reprennent tant bien que mal le cours de l'évolution. De nouveaux « modèles » de reptiles, en particulier, connaissent un formidable succès. La seconde semaine de décembre accouche ainsi de grands reptiles marins (mosasaures et plésiosaures), de grands reptiles volants (les ptérosaures), et surtout de grands reptiles terrestres : les dinosaures.

Le dinosaure, qui se décline en milliers d'espèces différentes, est la grande vedette du mois de décembre, puisque son groupe à succès va dominer la Terre du 12 au 26 du mois, deux semaines durant. Si le trilobite et le poisson ont été les stars du mois de novembre, la star de décembre, c'est bien le dinosaure. Et pas du tout l'Homme, qui pour l'instant a passé moins d'un jour sur Terre !

Et nous, dans tout ça ?

Patience, nous y venons. Après la disparition des dinosaures au lendemain de Noël — crise que l'on impute aujourd'hui à l'impact d'un astéroïde, comme on va le voir plus tard dans ce livre —, c'est au tour des mammifères de briller. Durant la dernière semaine de décembre, quadrupèdes herbivores, félins carnivores et primates insectivores vont se partager le terrain, alors que règne un climat particulièrement chaud. Les continents, qui dérivent constamment, ne sont plus très loin de leur position actuelle : la géographie de la Terre commence à se dessiner, telle que nous la connaissons.

Au petit matin du 29 décembre, le climat se met à fraîchir, l'Antarctique se couvre de glace, mais les régions tropicales continuent de couler des jours heureux. Les premiers ancêtres des grands singes font leur apparition en Afrique dans la nuit du 30 au 31 décembre, et en ce dernier jour de l'année, en fin de matinée, une espèce bipède se détache de la lignée. Découvert au Tchad et baptisé Toumaï, un crâne de primate au visage aplati annonce le type d'évolution qui va mener jusqu'à l'homme : il accuse 7 millions d'années. Dans notre calendrier où chaque heure représente un peu plus de 500 000 ans : c'est dire que notre lointain cousin est apparu sur le coup de midi.

L'évolution des hominidés, à laquelle nous conférons bien naturellement un intérêt particulier, se résume donc à l'après-midi du dernier jour du calendrier de la Terre. La petite australopithèque Lucy, tant médiatisée mais encore loin d'être notre ancêtre direct, est apparue le 31 décembre à l'heure du thé, vers 17 heures (il y a 3,5 millions d'années). Quant aux premiers représentants du genre

Homo, à la posture redressée et qui fabriquent les premiers outils en pierre, ils apparaissent sur le devant de la scène il y a 2,5 millions d'années, soit un peu avant 20 heures, juste à temps pour le journal télévisé du soir !

Cette soirée du 31 décembre est celle de l'épanouissement du genre humain, mais la soirée est fraîche. La dernière ère glaciaire de l'histoire de la Terre vient de se déclencher, il y a un peu plus de 2 millions d'années, qui voit se succéder longues glaciations et brefs réchauffements climatiques tous les 100 000 ans environ, c'est-à-dire toutes les 10 minutes dans notre calendrier. Un coup la doudoune, un coup le tee-shirt : la veillée du nouvel an est un peu agitée !

Homo erectus, nouveau modèle du genre humain qui va chasser en groupe et domestiquer le feu, arrive en Europe à cette époque, et son premier fossile en France est l'Homme de Tautavel, âgé de 450 000 ans : il est 23 h 10, cinquante minutes avant minuit ! *Homo sapiens* est la prochaine grande étape du genre humain, apparu il y a 200 000 ans environ en Afrique, c'est-à-dire à 23 h 35 environ. Son débarquement en France se fait d'abord sous la forme de l'Homme de Neandertal, puis sous celle de l'Homme de Cro-Magnon — notre espèce définitive — vers 23 h 55, il y a 35 000 ans. Cinq minutes avant minuit.

À l'époque, nous sommes en plein cycle glaciaire, mais notre espèce ne doit patienter que quelques poignées de millénaires avant que les conditions ne s'améliorent. La dégelée intervient 90 secondes avant minuit, et à 23 h 59 pétantes, il y a 9 000 ans, la civilisation s'épanouit au Moyen-Orient avec la mise en place de l'agriculture et de l'élevage. Toute la civilisation humaine tient dans cette dernière minute de notre année fictive.

L'ère chrétienne démarre 15 secondes avant minuit, et l'humanité peut reprendre en chœur les cinq dernières secondes :

Cinq : la guerre de Cent Ans,

Quatre : la Renaissance,

Trois : de Henri IV à Louis XIII et Louis XIV,

Deux : la révolution industrielle et la révolution française,

Un : La Belle Époque et le vingtième siècle,

Bonne année ! On peut faire péter le champagne, mais restons sobres. Ne perdons pas de vue que nous faisons partie des derniers invités de la planète Terre, depuis seulement cinq minutes. Et apprenons à mieux connaître notre hôte : c'est l'objectif des prochains chapitres.

Ère	Période-Époque	Date Millions d'années	Événement géologiques et biologiques majeurs
Cénozoïque	Holocène Quaternaire	0,001	Combustion des carburants fossiles émettant du CO_2 Écriture, agriculture
	Pléistocène	2	Périodes glaciaires
	Tertiaire	65	Diversification des Mammifères Formation des Alpes, Himalaya, Andes et Rocheuses
Mésozoïque	Crétacé	140	Extinction des Dinosaures Co-évolution des insectes et des plantes à fleur
	Jurassique	200	Prolification des Reptiles
	Trias	250	Extinction en masse Début d'ouverture de l'Atlantique Central
Paléozoïque	Permien	290	Crise de l'oxygène : plus grande extinction en masse de l'histoire de la Terre Période glaciaire
	Carbonifère	350	Dépôts de charbon Assemblage de la Pangée : Chaînes Hercynienne et Appalachienne
	Dévonien	420	Développement des poissons modernes Extinction en masse
	Silurien	440	Premiers écosystèmes continentaux Premiers grands récifs coralliens
	Ordovicien	510	Extinction en masse
	Cambrien	545	Explosion Cambrienne de la vie (Schistes de Burgess) Diversification de la vie marine, petite faune à coquille

Échelle des temps géologiques simplifiée (suite)
(les intervalles ne sont pas proportionnels au temps)

Ère	Période-Époque	Date Millions d'années	Événement géologiques et biologiques majeurs
Précambrien	Protérozoïque	570	Apparition des prédateurs — disparition faune d'Édiacara Développement de la faune d'Édiacara
		750	Épisode Boule de Neige (période glaciaire extrême) Assemblage du supercontinent Rodinia
		1000	Les Achritarches (unicellulaires) dominent les mers
	Archéen	1200	Premières formes de vie multicellaires
		2200	Premiers fossiles eucaryotes Formation de l'ozone stratosphérique Oxygène émise par bactéries photosynthétiques; formations de fer rubané
		2500	Début de la tectonique des plaques moderne Roches lunaires les plus récentes
		3000	Ceinture de roches vertes dans contexte tectonique mal compris
		3500	Premières évidences indirectes de Vie sur Terre
		4000	Plus anciennes roches trouvées au Groenland et N. du Canada
	Hadéen	4400	Plus anciens cristaux de zircon (Australie) Plus anciennes roches lunaires
		4500	
		4600	Formation de la Lune par collision d'une petite planète avec la Terre primitive Différentiation de la Terre en manteau et noyau Formation de la Terre et des autres planètes telluriques à partir des météorites chondritique

3

De quoi est fait l'intérieur du globe ?

Comprendre la surface du globe, son relief et son histoire, tient les géologues bien occupés. Mais l'exploration ne s'arrête pas là. Qu'en est-il de l'intérieur de la Terre ? Le relief se prolonge-t-il « en creux » sous nos pieds par d'immenses cavernes, fleuves et lacs souterrains, comme dans le roman de Jules Verne ? Y a-t-il un feu central qui alimente les volcans ? Le centre de la Terre est-il entièrement fondu ?

L'appel des abîmes

L'imagination des chercheurs et des romanciers est nourrie par de rares et précieuses ouvertures, véritables trappes ouvertes sur ce monde plutonique. Ce sont d'abord les gouffres qui s'enfoncent dans le sous-sol et les galeries qui en rayonnent, y compris les rivières qui traversent les calcaires poreux pour ressurgir des kilomètres en aval, au terme d'un mystérieux parcours souterrain.

Les premiers explorateurs des abîmes — les spéléologues — commencent par suivre le parcours de ces rivières souterraines pour assouvir leur curiosité. C'est ainsi que le 27 juin 1888, le pionnier Édouard-Alfred Martel et ses compagnons s'enfoncent dans les causses calcaires du Gard en suivant une rivière, le Bonheur, pour resurgir quelques centaines de mètres plus loin au flanc d'une falaise. L'année suivante, ce même Martel entreprend l'exploration du gouffre de Padirac dans les causses du Quercy, descendant à

l'échelle un puits vertical de 54 mètres de profondeur. Arrivés au bas du puits, le spéléologue et ses trois équipiers empruntent une galerie en pente jusqu'à la rivière qui ronge le massif calcaire, 100 mètres sous la surface du sol.

Le royaume de Pluton

Nombre de mythes et de religions ont logé le royaume des morts sous la surface du globe. Dans la mythologie grecque, c'est le dieu Hadès (Pluton chez les Romains) qui règne sur ce royaume. Les âmes des morts y pénètrent par une grotte et doivent passer une sombre rivière, le Styx, dans une barque barrée par le passeur Charon. Le Styx existe réellement : c'est un torrent du Péloponnèse, aux eaux noires et glacées, qui disparaît sous terre pour ressurgir plus loin dans une gorge.

Pour l'auteur latin Virgile, une autre entrée des enfers se situe au pied du Vésuve, dans le lac volcanique d'Averne dont s'élèvent d'insalubres vapeurs. Plus près de nous, ce sont les gorges du Tarn qui offrent un passage pour atteindre l'enfer des Chrétiens : là où la rivière s'enfonce en bouillonnant dans un chaos rocheux, on a vu le diable se faufiler pour rejoindre son royaume.

Les massifs calcaires, minés par l'infiltration des eaux, vont ainsi procurer aux hommes les premières voies d'exploration vers les profondeurs du globe. La barre du kilomètre est dépassée, au lendemain de la Seconde Guerre mondiale, au gouffre Berger dans l'Isère : – 1 122 mètres. En 1981, le record du monde de profondeur passe à – 1 535 mètres dans le gouffre Jean-Bernard, à Samoëns en Haute-Savoie, un réseau de galeries qui permet même d'atteindre – 1 700 mètres en 2003. Mais c'est la petite république d'Abkhasie, dans les contreforts du Caucase, qui détient actuellement le record. Dans le gouffre du « Corbeau » — *la Voronja* —, une équipe ukrainienne a dépassé en 2004 la barre mythique des – 2 000 mètres, le dernier exploit datant de fin 2007 avec – 2 191 mètres. Mais les limites sont en passe d'être atteintes : à plus grande profondeur, la pression des roches tend à refermer les cavités naturelles.

Jusqu'où descendent les mines ?

Une autre manière d'explorer le sous-sol est de percer soi-même des galeries. Très tôt, les hommes l'ont fait pour exploiter des gisements précieux. Cinq siècles avant Jésus-Christ, les Athéniens perçaient déjà des puits verticaux jusqu'à 100 mètres de profondeur à travers le marbre, pour atteindre des filons d'argent. À l'ère industrielle, ce sont les veines de charbon qui ont retenu l'intérêt des sociétés minières. En Europe, les houillères les plus profondes ont atteint au siècle dernier plus de 1 000 mètres de profondeur, comme à Eboulet dans la Haute-Saône (1 010 mètres) et à Mons en Belgique (1 200 mètres). Mais les coûts d'exploitation étant très importants dans les galeries souterraines, les mines de charbon ne s'étendent guère plus bas. À notre époque, seuls les minerais les plus précieux justifient une prospection plus profonde.

Ce sont d'abord les mines de cuivre en Amérique du Nord qui ont dépassé la barre des – 1 500 mètres, puis les mines d'or d'Afrique du Sud qui ont pulvérisé tous les records. Celles de *Western Deep*, à l'ouest de Johannesburg, ont atteint la cote extraordinaire de – 3 500 mètres. En 2009, un nouveau puits entre en service qui portera le record à – 3 900 mètres, et quelques kilomètres plus au sud, les ingénieurs rêvent de creuser jusqu'à – 5 000 mètres. Ainsi les hommes sont capables de creuser des puits aussi profonds que le Mont Blanc est haut.

Les sources de chaleur

Avec une température qui atteint 1 000 °C à 100 kilomètres de profondeur et près de 5 000 °C dans son noyau central, la Terre est une planète chaude. La chaleur parvenant en surface, appelée flux géothermique, est d'environ 80 milliwatts par mètre carré : recueillie sur la superficie d'un terrain de tennis, son énergie allumerait une ampoule d'environ 20 watts. Intégrée sur toute la surface du globe, elle représente tout de même 40 milliards de kilowatts, ce qui est comparable à toute l'énergie électrique et thermique dépensée par la civilisation humaine.

De ce flux géothermique, un quart est attribué à la chaleur primitive de la Terre. Née de la collision de planétoïdes lors des premiers jours du Système Solaire, la Terre a en effet emmagasiné une chaleur considérable, les plus gros impacts ayant liquéfié ses couches profondes, tout en les recouvrant d'un manteau de débris faisant office de couverture isolante. Au sein de cette masse en fusion, les éléments lourds, comme le fer, ont coulé vers le centre – mouvement qui a libéré une énergie supplémentaire. Après quatre et demi-milliards d'années, environ 10 milliards de kilowatts continuent de filtrer à la surface pour évacuer cette chaleur primitive.

Les trois quarts restants du flux géothermique – 30 milliards de kilowatts – résultent de la désintégration incessante des atomes radioactifs contenus dans les roches, notamment l'uranium, le thorium et le potassium. Leur stock diminue au fil du temps (la moitié de l'uranium-238 et neuf dixièmes du potassium radioactifs sont déjà consommés), et la température interne de la Terre décroît progressivement. Mais comme la Terre restitue sa chaleur amassée au compte-gouttes, on peut encore compter sur deux ou trois milliards d'années de volcanisme.

On atteint là les limites de la présence humaine. Hormis la durée du transport et le problème de l'aération et de l'infiltration des eaux, qui nécessitent pompes et ventilateurs, deux facteurs limitent le travail des hommes à de plus grandes profondeurs : la pression et la température croissantes.

L'augmentation de la pression est facile à comprendre : c'est le poids des roches empilées. De même qu'il faut en tenir compte en architecture — c'est pour cela que les murs des cathédrales sont maintenus par des arcs-boutants —, le poids de milliers de mètres de roche au-dessus des galeries de mine mènerait à l'éclatement des parois, si celles-ci n'étaient pas étayées par des piliers et des barres de soutien. À 3 500 mètres de profondeur, le poids des roches exerce une pression de 10 000 tonnes par mètre carré, soit près de 1 000 fois la pression atmosphérique. Malgré les efforts en matière de sécurité, les parois des galeries ont donc tendance à éclater : ces accidents tuent plus de 100 personnes par an dans les seules mines d'Afrique du Sud.

L'autre paramètre qui augmente avec la profondeur, c'est la température. Les mineurs l'ont très tôt constaté, ce qui a conduit les savants à se pencher sur la question. Appelé *gradient géothermique*, cette augmentation de la température avec la profondeur varie selon les régions : sous les continents, elle vaut un degré Celsius pour environ cent mètres de descente, soit + 10 °C au kilomètre. C'est chaud ! Ainsi, la « fièvre de l'or » prend tout son sens dans les mines d'Afrique du Sud, puisqu'en absence d'aération, la température y dépasserait 60 °C. Heureusement, elle est maintenue artificiellement sous la barre des 30 °C par circulation d'eau et d'air froids, mais les conditions restent néanmoins infernales pour les mineurs.

Quel est le forage le plus profond ?

Pour descendre plus bas dans l'écorce terrestre, il faut se tourner vers les forages automatiques. Le principe, qui sert à la prospection pétrolière, consiste à creuser la roche au moyen d'un *trépan*, c'est-à-dire de mâchoires rotatives serties de diamant — la matière la plus résistante à notre disposition. Elles pulvérisent la roche rencontrée, dont les débris sont évacués vers la surface par un fluide sous pression. Si l'on veut garder intact un échantillon cylindrique de la roche traversée — ce qu'on appelle une *carotte* —, le cylindre de matière rocheuse en cours de découpe est refoulé dans le tube de forage. Il faut alors remonter le tube et son contenu au bout de quelques mètres de percée, décharger l'échantillon, puis redescendre la longue tubulure, faite de segments emboîtés, jusqu'au fond du trou pour reprendre le forage.

C'est la prospection pétrolière qui a établi le premier record notable dans l'Oklahoma : un puits d'extraction de gaz naturel, percé en 1974, y a atteint 9 583 mètres de profondeur, avant de rencontrer une couche de soufre fondu qui a mis fin aux opérations. Forer plus profond devient alors une affaire d'État, l'Union Soviétique et les États-Unis chassant les records, tout comme ils le font dans l'espace.

Le programme des Américains ayant capoté pour des raisons budgétaires, ce sont les Russes qui emportent le morceau, avec une ambitieuse campagne de forage sur la péninsule de Kola, au bord de la mer Baltique. Le forage passe la barre des 12 000 mètres en 1983, puis, après une pause dans les travaux, le record est porté à 12 262 mètres en 1989. Vu la forte température au fond du puits — près de 180 °C —, les ingénieurs arrêtent le forage à ce niveau. Leur record risque de tenir longtemps.

Voyage en enfer

D'après un journal finlandais, le forage « record » de Kola a permis aux ingénieurs russes d'atteindre l'enfer. Ils auraient descendu un microphone au fond du trou, où la température dépasse 1 000 °C selon l'article, et y ont enregistré les gémissements des damnés. Les enregistrements ont circulé sur Internet et l'histoire fut reprise en grande pompe aux États-Unis par la chaîne de télévision évangéliste TBN (*Trinity Broadcasting Network*), présentée comme preuve irréfutable de l'existence de l'enfer, tel qu'il est décrit dans la bible.

Abasourdi par tant de crédulité, un instituteur scandinave a envoyé alors à la chaîne américaine un article en norvégien n'ayant aucun rapport avec le sujet (en fait, il s'agissait d'un reportage sur un inspecteur du logement), en informant la chaîne que l'article confirmait la réalité de ce puits de l'enfer et relatait qu'on avait vu une chauve-souris géante s'en échapper. Sans éprouver le besoin de traduire ou de vérifier le bien fondé de l'article, la chaîne TBS diffusa la nouvelle, chauve-souris comprise, comme preuve supplémentaire de l'existence de l'enfer.

Le forage de Kola a apporté aux géologues son lot de surprises. Ils ont ainsi trouvé de l'eau jusqu'à 10 kilomètres de profondeur, dans une roche intensément fracturée. Elle provient apparemment de minéraux comme l'amphibole, porteurs d'eau dans leur structure cristalline, qui ont été chauffés et déshydratés à de telles profondeurs. Hormis l'eau, une autre surprise a été l'abondance d'hydrogène au fond du trou, la boue d'extraction revenant bouillonnante de gaz à la surface.

Au vu de la technologie actuelle, il est difficile de descendre plus profondément sous la surface du globe. Avec le compteur bloqué à 12,3 kilomètres, on n'atteint que le *500*[e] du rayon terrestre qui mesure 6 360 kilomètres jusqu'au centre. Heureusement, pour explorer plus bas, nous pouvons compter sur un puissant allié : le volcanisme.

Sous la croûte : le manteau

Sous les quelques kilomètres de roche superficielle, les chercheurs savent que la Terre change de nature et se compose de roches plus denses que ce que l'on trouve en surface. En particulier, les ondes sismiques qui traversent la Terre accélèrent à partir d'une certaine profondeur, preuve qu'elles y rencontrent une roche plus dense. On appelle cette matière le *manteau*, qui s'étend à partir d'une nette frontière — une quarantaine de kilomètres en moyenne sous les continents — jusqu'à une profondeur de 2 900 kilomètres. C'est dire que ce matériau occupe la majeure partie du globe, et sa nature a longtemps intrigué les chercheurs. Sans les volcans, elle serait restée hors de notre portée.

Dans son *Voyage au centre de la Terre*, Jules Verne y avait pensé : il fait descendre ses héros dans les entrailles du globe par une cheminée volcanique. Mais dans la réalité, aucun évent volcanique ne reste ouvert au-delà de quelques centaines de mètres. Les cheminées sont comblées par des éboulis, ou plus sûrement encore par le magma monté des profondeurs, qui bouche la tuyauterie. Mais au lieu de le déplorer, on peut en tirer parti : ce magma volcanique prend source à plus de 100 kilomètres de profondeur et doit donc véhiculer des informations sur le manteau dont il jaillit.

À première vue, ces informations ne sont que partielles, car le magma n'est que le « jus » extrait du manteau, plutôt que le manteau lui-même. Mais il en contient parfois une pépite, arrachée aux parois lors de sa remontée vers la surface. On appelle ces pépites des *enclaves* — ou *xénolites* en langage savant. Elles ne mesurent que quelques centimètres à quelques décimètres de taille, mais on les repère facilement, car elles sont denses, granuleuses et colorées. En fait, les roches du manteau sont particulièrement belles.

On peut en ramasser en France dans le Massif Central, en bordure de cheminées explosives où le magma est remonté très vite à la surface. Enrobées de basalte noir, ce sont de granuleuses pépites vertes, souvent composées d'un seul minéral : l'olivine. On trouve aussi des roches à plusieurs minéraux, qui en plus de l'olivine contiennent du grenat rouge et du pyroxène vert bouteille, mais le choix s'arrête là. Alors qu'en surface, on trouve des centaines de minéraux différents (voire plusieurs milliers en comptant les formes rares), le manteau se limite à un nombre restreint de minéraux — les seuls capables d'exister aux fortes pressions qui sévissent à de telles profondeurs. On appelle ces roches du manteau *péridotites, harzburgites* ou *lherzolites,* selon leurs proportions en minéraux clefs comme l'olivine, et d'après les endroits où elles ont été découvertes.

Un morceau du manteau en France

La France possède l'un des plus beaux sites où l'on peut trouver des roches du manteau : l'étang de Lherz, dans les Pyrénées ariégeoises, qui a donné son nom à la *lherzolite*. Autour de l'étang, ce ne sont pas de simples pépites, mais des tranches entières de manteau, épaisses de plusieurs mètres, qui s'offrent à la vue. Plutôt qu'une éruption volcanique, c'est le cisaillement de la croûte terrestre le long d'une faille, il y a une centaine de millions d'années, qui a expulsé cette belle tranche de manteau vers la surface, depuis plus de 80 kilomètres de profondeur.

D'autres roches témoins nous viennent de plus profond encore. C'est le cas des *kimberlites* qui doivent leur nom à la ville de Kimberley en Afrique du Sud (lieu de leur découverte) et leur réputation au fait qu'elles contiennent souvent des diamants. Ces remontées explosives, depuis 300 à 400 kilomètres de profondeur, délivrent des échantillons du manteau, qu'elles ont arrachés du conduit au cours de leur violente ascension.

Les diamants

Les diamants sont des messagers venus des couches supérieures du manteau terrestre, sous les continents, entre 200 et 400 km de profondeur. Ce précieux cristal doit sa naissance à trois conditions : la forte pression qui sévit à ces profondeurs; une température qui ne dépasse pas 1200 °C – celle en vigueur sous les continents –; et bien sûr la présence de carbone dont il est intégralement constitué.

Le diamant est le matériau le plus dur de la nature : il est utilisé comme outil de taille et de forage. En bijouterie, il est réputé pour sa rareté et son éclat particulier – la dispersion de la lumière blanche en un éventail de couleurs. La plupart des diamants sont incolores, mais des impuretés dans leur structure cristalline peuvent leur donner une teinte : la plus courante est le jaune, causée par des impuretés d'azote.

Plus de 25 tonnes de diamants sont extraites chaque année de cratères d'explosion volcanique – explosions qui les ont remontés des profondeurs –, ou dans les lits de rivière en aval de ces cratères. Les principaux pays producteurs sont l'Afrique du Sud (près de 50 % de la production), le Canada, l'Inde, la Russie, le Brésil et l'Australie.

Grâce à ces roches diamantifères, nous atteignons vers 400 kilomètres de profondeur les limites de notre exploration « tactile » du globe, où l'on peut encore tenir dans la main des échantillons réels du manteau, remontés à la surface par les éruptions. Ils sont tous formés des mêmes minéraux principaux — olivine, pyroxène et grenat —, mais leur chimie et leur teneur en minéraux mineurs varient subtilement en fonction de l'endroit, et surtout de la profondeur. En outre, la répartition de certains éléments, comme l'aluminium, entre les différents minéraux, nous renseigne sur la température et la pression du lieu où ils se sont formés.

Ainsi sait-on que le manteau atteint une température de 1 000 °C vers 70 kilomètres de profondeur, et plus de 1 400 °C vers 400 kilomètres. Le manteau reste encore solide à de telles températures, sous l'effet de l'intense pression qui y règne, mais il s'en faut de peu. Dans des circonstances particulières, la roche peut « suinter » et donner naissance à des gouttelettes de magma.

Comment ausculter le manteau ?

Pour en savoir plus sur le manteau, il faut ruser. Puisqu'on ne peut pas atteindre matériellement les couches plus profondes, on fait appel à un allié immatériel : les ondes sismiques.

Les ondes sismiques sont des explorateurs privilégiés qui visitent le manteau tous les jours. Elles sont générées par les vibrations de la Terre, c'est-à-dire par les séismes, lorsque des blocs de roche pressés le long d'une faille glissent abruptement. Les ondes vibratoires partent dans toutes les directions à partir de leur source, mais se comportent différemment selon le milieu traversé. Plus ce milieu est dense, plus l'onde se propage rapidement. Lorsque le milieu change abruptement de densité, les ondes changent de vitesse et de direction, avec des réflexions et des réfractions, tout comme le font les rayons de lumière lorsqu'ils passent de l'air à l'eau. Ainsi, en recueillant tout autour du globe les ondes d'un séisme, et en notant leur temps d'arrivée au terme de parcours différents, on peut dresser une carte de l'intérieur du globe.

Le premier à exploiter cette idée fut le Yougoslave Andriya Mohorovicic, en 1909, qui nota sous la Croatie une accélération des ondes sismiques vers 30 kilomètres de profondeur — accélération qu'il interpréta à juste titre comme marquant leur pénétration dans ce milieu plus dense qu'est le manteau. Ainsi peut-on tracer la frontière entre croûte et manteau entre 30 et 40 kilomètres de profondeur en moyenne sous les continents, un peu plus sous les chaînes de montagnes, et 5 à 7 kilomètres seulement sous les bassins océaniques. En honneur de son découvreur, on nomme cette frontière *discontinuité de Mohorovicic* : un cauchemar à prononcer pour les étudiants qui l'appellent plus familièrement le « Moho ».

Dans le manteau, la vitesse des ondes sismiques correspond bien à ce que l'on attend d'une roche faite essentiellement d'olivine, de pyroxène et de grenat, de plus en plus comprimée avec la profondeur. Sa densité augmente progressivement, mais aussi brusquement par paliers. Ainsi, à 400 kilomètres de profondeur, les ondes subissent une accélération notable et passent de 8,9 à 9,1 kilomètres par seconde, preuve qu'elles entrent dans un milieu sensiblement plus dense. À cette profondeur en effet, la pression est telle, que les minéraux recristallisent en formes plus compactes. L'olivine prend une forme cubique, tandis que le pyroxène commence à se dissoudre dans le grenat pour gagner de la place.

À 670 kilomètres de profondeur, nouvelle accélération des ondes sismiques, qui passent cette fois de 10,3 à 10,8 kilomètres par seconde : un nouveau palier est franchi dans la compaction de la

matière. L'olivine cubique prend une forme encore plus dense, appelée *pérovskite* — c'est toujours un silicate de fer et de magnésium —, alors que le grenat se transforme lui aussi en pérovskite, doublée d'un oxyde de fer et de magnésium. Vous n'en tiendrez jamais la moindre pépite au creux de la main : aucun échantillon ne nous parvient jamais de telles profondeurs. Pourtant, comme la pérovskite est l'ingrédient majeur du manteau terrestre, et que le manteau occupe les trois quarts du volume du globe, c'est le principal minéral de la planète ! Heureusement, on peut en fabriquer de minuscules cristaux au laboratoire.

L'intérieur de la Terre au labo

Pour étudier la pérovskite – principal minéral de la Terre, mais que l'on ne trouve pas en surface –, les chercheurs doivent en fabriquer au laboratoire. Pour ce faire, ils écrasent de l'olivine entre les pointes de deux diamants, serrées par piston en un formidable étau, recréant ainsi les pressions extraordinaires qui sévissent dans les profondeurs du manteau terrestre. Ils simulent par ailleurs les températures de plus de 2000 °C qui y règnent, en focalisant un rayon laser sur l'échantillon. Au terme de l'épreuve, lorsqu'ils relâchent leur étau, les chercheurs récupèrent des cristaux de pérovskite d'un millième de millimètre cube, c'est-à-dire bien plus petits qu'un grain de sel. On est loin de pouvoir construire des cathédrales en pérovskite, mais c'est suffisant pour analyser les propriétés de ce matériau qui domine les entrailles de la Terre jusqu'à 2 900 kilomètres de profondeur.

Un noyau de fer au centre de la Terre

En dessous du manteau, on change complètement d'univers. D'un monde minéral, on passe abruptement à un monde entièrement métallique aux propriétés hallucinantes : le noyau. Cela, on le sait aussi grâce aux ondes sismiques.

Les ondes sismiques qui nous aident à ausculter la Terre prennent plusieurs formes. Il y a les ondes de compression, qui se déplacent en comprimant puis en relâchant la matière sur leur passage à la manière d'un accordéon, et les ondes transversales qui secouent la matière à angle droit sur leur passage, à la manière d'un tamis. Leur vitesse est fonction de la densité du milieu traversé, et aussi de sa solidité, car elles montrent un net ralentissement si le milieu devient pâteux. Les ondes transversales disparaissent même complètement si elles rencontrent un liquide.

Ainsi sait-on que la roche du manteau est un peu pâteuse entre 100 et 250 kilomètres de profondeur, car les ondes y ralentissent légèrement : c'est en effet une zone où des gouttelettes de magma suintent de la roche, car la pression n'y est pas assez forte pour empêcher un début de fonte. On appelle *asthénosphère* (couche « sans force ») cette zone du manteau, et nous verrons prochainement qu'elle alimente les volcans en surface.

Une fois ce milieu pâteux traversé, l'accélération des ondes nous indique que le manteau terrestre reprend de la rigidité, à cause de la pression qui augmente. Tout en bas du manteau, les ondes de compression atteignent 13,7 kilomètres par seconde, la vitesse d'une fusée en route pour Mars.

Mais à ce niveau, elles subissent un violent coup de frein. À précisément 2 890 kilomètres de profondeur, les ondes de compression voient leur vitesse chuter de 13,7 à 8,1 kilomètres par seconde. Le contraste est encore plus spectaculaire pour les ondes transversales qui s'évanouissent littéralement, comme si elles rencontraient un liquide. La raison en est qu'à cette profondeur commence un milieu effectivement liquide : du fer en fusion.

L'existence d'une immense boule de fer au centre de la Terre n'est pas vraiment une surprise. Elle a été pressentie dès la fin du XIXe siècle sur la base de plusieurs indices. Le premier est le fait que la densité moyenne de la Terre est d'environ 5,5 tonnes par mètre cube. Comme la densité du manteau supérieur ne vaut que 3,4 tonnes par mètre cube, il faut nécessairement un noyau composé d'une matière beaucoup plus dense, comme le fer, pour compenser le manteau « léger » et remonter la densité moyenne du globe.

Le second indice qui signale la présence d'un noyau dense est le *moment d'inertie* de la Terre, c'est-à-dire « le degré d'obstination » avec laquelle elle tourne sur son axe — la résistance qu'elle offre à toute tentative de changement. Or plus la masse d'une planète est concentrée en son centre, plus son moment d'inertie est faible : elle se laisse affecter dans sa rotation par des forces extérieures, comme l'attraction du Soleil, et son axe de rotation balaye l'espace comme une toupie en folie. C'est un tel comportement que manifeste la Terre, qui prouve qu'une grande partie de sa masse est concentrée en son centre.

Le troisième indice est le champ magnétique qui se dégage de la Terre, propriété qui signale dans ses entrailles la présence d'un métal conducteur, faisant office de dynamo : le fer vient naturellement à l'esprit. Quatrième indice enfin, les chercheurs ont trouvé de nombreuses météorites de fer venues de l'espace. Comme ces météorites ont vraisemblablement pour origine une petite planète éclatée, cela suggère que de nombreuses planètes renferment un cœur de fer.

Fer solide ou fer liquide ?

C'est donc une belle confirmation qu'apportent les ondes sismiques en délimitant une frontière à 2 890 kilomètres de profondeur, qui correspond au plafond de ce noyau de fer. Mais ce qui extraordinaire, c'est qu'il s'agit de fer liquide. La température est tellement élevée à ces profondeurs — 4 000 °C selon les calculs — que le fer est fondu et d'une fluidité exceptionnelle, comparable à celle de l'eau. On est loin des barres d'acier pâteuses qui sortent des hauts-fourneaux : le noyau de la Terre se comporte comme un océan, brassé par de vigoureux courants !

On a du mal à se représenter l'étrange transition qui consiste à passer du manteau rocheux au noyau en fusion, à 2 890 kilomètres de profondeur. Comment se manifeste ce brusque changement de rigidité, le long d'une frontière où des minéraux ultra-compacts s'appuient sur une sphère dense mais fluide comme de l'eau, brassée par de formidables courants, le tout à 4 000 °C ? On imagine que des infiltrations de fer fondu remontent dans le plancher cristallin du manteau sur plusieurs dizaines de mètres.

Cette base du manteau, au contact avec le noyau, est déjà mystérieuse en soi. Appelée *couche D''* par les spécialistes, elle présente sur une centaine de kilomètres d'épaisseur un comportement bizarre vis-à-vis des ondes sismiques — favorisant leur déplacement horizontal plutôt que vertical — et les chercheurs imaginent une forme minérale nouvelle et inconnue à ces températures et pressions critiques. Les infiltrations de fer fondu, qui affectent cette zone frontière, n'arrangent rien à l'affaire et doivent entraîner d'importantes instabilités thermiques, qui se propagent à travers le manteau et déclenchent peut-être de grandes crises volcaniques à la surface du globe.

Mais retournons au noyau de fer fondu. En progressant vers le centre de la Terre, nous ne sommes pas au bout de nos surprises. À partir de 5 150 kilomètres de profondeur, le fer est tellement compacté par la pression, que malgré des températures toujours croissantes, il se cristallise. Ainsi réside au centre du noyau en fusion une « graine » de fer solide, à près de 5 000 °C. Sa taille est loin d'être négligeable : s'étendant depuis 5 150 kilomètres de profondeur jusqu'au centre de la Terre (6 371 kilomètres), cette graine est presque aussi grosse que notre propre Lune. Quant à l'enveloppe de fer fondu qui l'enserre, elle est comparable en taille à la planète Mars. Drôles de poupées russes que toutes ces sphères emboîtées !

Leurs proportions ne sont pas immuables. Au fil des ans, la chaleur migre du centre de la Terre vers la surface, où elle s'échappe dans l'espace. Notre planète refroidit donc, y compris le noyau de fer et sa graine centrale. En réponse à cette baisse de température, la graine poursuit sa cristallisation aux dépens du fer liquide qui l'entoure, et son rayon croît au rythme de quelques dixièmes de millimètre par an. C'est peu à l'échelle d'une vie humaine (quelques centimètres par siècle), mais cela représente tout de même une croissance de 500 kilomètres par milliard d'années.

Un roulement à bille géant

Cette lente cristallisation du noyau permet aussi de séparer « le grain de l'ivraie » : il y a quelques impuretés dans le bouillon de fer fondu et la cristallisation privilégie le fer pur, laissant les impuretés s'accumuler dans le liquide résiduel. On a une idée des impuretés en question : ce sont les atomes qui ont une attirance pour le fer — on dit qu'ils sont *sidérophiles* — et qui l'accompagnent volontiers dans ses aventures. C'est le cas notamment du nickel. Lorsque la Terre s'est formée et que les éléments lourds ont « suinté » vers le centre pour construire le noyau, le nickel a suivi le fer dans sa descente. Du reste, les météorites ferreuses en notre possession, qui proviennent du noyau des astéroïdes, confirment cette alliance et contiennent plusieurs pour cent de nickel.

Ce n'est pas tout. D'après les calculs, la densité du noyau terrestre est inférieure de près de 10 % à celle d'un alliage fer-nickel, ce qui signifie qu'il faut admettre aussi une bonne dose d'éléments plus légers. On en arrive à la recette suivante, concoctée par les chercheurs pour le noyau liquide : 79 % de fer et 5 % de nickel, agrémenté de 7 % de silicium, 4 % d'oxygène et 2 % de soufre. La graine solide, quant à elle, n'accepte que le fer, et à la rigueur le nickel, dans sa structure cristalline. Ce qui ne veut pas dire d'ailleurs que la graine est totalement homogène. Les ondes sismiques qui la traversent manifestent de légères variations de vitesse selon les régions visitées, dues à de subtiles différences de densité. Or cette tomographie de l'intérieur de la graine est à l'origine d'une nouvelle sensationnelle, publiée en 2005 : la graine tournerait sur elle-même plus vite que la Terre qui la contient !

Cette théorie est née en comparant le cheminement d'ondes sismiques émises à plusieurs années d'intervalle, et qui ont traversé le noyau et sa graine. Les chercheurs ont notamment comparé la forme des ondes provenant de séismes en Amérique du Sud et enregistrées par des sismomètres en Alaska, à plusieurs années d'intervalle. Comme elles ont suivi le même chemin à travers le globe, ces ondes auraient dû montrer un profil rigoureusement identique de la graine à chaque passage. Or ce n'est pas le cas, comme si entre-temps la graine avait tourné et offert aux ondes une région différente à traverser. Les chercheurs ont ainsi calculé que par rapport à la surface de la Terre, la graine accomplit une rotation d'environ 0,3 à 0,5 degré par an. Ce n'est pas un rythme de folie, mais c'est loin d'être négligeable : glissant dans son enveloppe de fer liquide, la graine ferait une rotation de plus que le reste de la planète tous les mille ans environ. La Terre serait un gigantesque roulement à bille !

Combien pèse-t-on au centre de la Terre ?

Notre poids est l'expression de la force d'attraction que la masse d'une planète exerce sur nous. Plus la planète est massive et dense, plus cette gravité et donc notre poids sont élevés. Sur la Lune, nous pesons seulement le sixième de notre poids terrestre, parce que la Lune est moins massive et moins dense que la Terre. Mais que se passerait-il si l'on empruntait un ascenseur magique pour descendre vers le centre du globe ? Notre poids changerait-il en cours de route ? Oui, et de façon fort complexe. En effet, au cours de la descente, la masse sous nos pieds – celle qui nous attire vers le bas – diminue, et la pesanteur doit donc diminuer d'autant. Mais comme la *densité* croît vers le centre de la Terre, la masse restante sous nos pieds possède relativement plus de pouvoir d'attraction et augmente la pesanteur ! C'est le savant mélange de ces deux facteurs qui détermine notre poids.

Dans notre ascenseur magique, admettons que nous pesons 100 kilogrammes en surface (avec notre scaphandre). En plongeant à travers le manteau terrestre, nous sentons d'abord notre poids augmenter, car nous laissons derrière nous des roches peu denses et nous nous rapprochons de roches plus denses qui nous attirent davantage. À 2 890 kilomètres, à la frontière du noyau de fer, nous pesons ainsi 109 kilogrammes !

Une fois passé ce maximum, la plongée à travers le noyau fait rapidement décroître le champ gravitationnel ressenti, car la densité n'augmente plus beaucoup, alors que la masse restante en direction du centre diminue sans cesse. À 5 000 kilomètres de profondeur, nous ne pesons plus que 50 kilogrammes. À 500 kilomètres du centre de la Terre, nous ne pesons plus que 15 kilogrammes – le poids que nous pèserions sur la Lune. Et au centre de la Terre, nous ne pesons plus rien : dans notre cage d'ascenseur, nous flottons en apesanteur comme un astronaute dans l'espace !

Le mystérieux champ magnétique

Hors de notre portée à 2 900 km de profondeur, le noyau de fer liquide se manifeste toutefois en surface par un champ magnétique. Il est à l'origine de cette force mystérieuse et invisible qui fait tourner l'aiguille de nos boussoles. Invisible ? Pas tout à fait.

Près du Cercle polaire, on admire parfois dans le ciel nocturne des jeux de lumière phosphorescents — souvent vert, parfois rouge — qui prennent la forme de rayons, d'arcs ou de draperies qui ondulent ou s'animent d'intenses pulsations. Ce sont les *aurores boréales* — plus justement nommées *aurores polaires* car elles affectent également les environs du Pôle Sud. Parfois elles descendent vers les latitudes tempérées : elles furent remarquées dans le Sud de la France en 1621 par l'astronome Pierre Gassendi, celui-là même qui leur donna le nom d'aurores boréales.

Elles sont la manifestation de ce champ magnétique terrestre qui émane du globe et s'étend loin dans l'espace, avec une intensité encore sensible à des dizaines de milliers de kilomètres de la Terre. Les particules électrisées en provenance du Soleil — un flux d'électrons et de protons appelé « vent solaire » — interagissent au passage avec le champ magnétique et sont canalisées vers les Pôles. En rencontrant les gaz de l'atmosphère, entre 200 et 100 kilomètres d'altitude, elles en excitent les atomes qui émettent du coup une lumière colorée, verte ou rouge dans le cas de l'oxygène. Ainsi s'illuminent les lignes de force du champ magnétique, qui émanent des régions polaires, comme si la Terre était un gigantesque aimant, orienté nord-sud.

La comparaison avec un aimant s'arrête là : le noyau de fer au centre de la Terre est en majeure partie fondu et ne saurait « figer » un champ, à la façon d'une barre aimantée. Mais l'origine du champ n'est pas difficile à trouver. Comme le sait tout lycéen, un courant électrique génère un champ magnétique. Or du fer en fusion circule dans le noyau terrestre, et avec lui des électrons libres, comme dans tout métal qui se respecte. C'est ce mouvement d'électrons — un gigantesque courant électrique — qui génère le champ magnétique terrestre.

Le champ magnétique de la Terre est assez modeste par rapport à celui que crée un aimant de poche, ou *a fortiori* un instrument de laboratoire. Il mesure en surface quelques millionièmes de tesla seulement (33 microTeslas à l'équateur, et 70 microTeslas aux Pôles), alors que l'aimant que vous collez sur la porte de votre réfrigérateur génère un champ 100 fois plus puissant, et l'IRM d'une clinique (Imagerie à Résonance Magnétique) un champ 10 000 fois plus puissant (0,5 Tesla). Mais le champ terrestre, quoique modeste, affecte toute la surface du globe — et s'étend même dans l'espace —, alors que celui d'un aimant artificiel décroît rapidement pour devenir insensible au bout de quelques mètres, ou quelques centaines de mètres pour les aimants les plus puissants. C'est le privilège de la taille de la Terre et de sa dynamo interne : son champ ne décroît que légèrement quand nous changeons d'endroit ou d'altitude, car la distance au « générateur » ne varie que de quelques millièmes ou centièmes de pour-cent.

Est-ce que la Terre perd le Nord ?

Loin des sources artificielles de notre industrie, il est intéressant d'étudier les petites variations du champ magnétique terrestre, dans l'espace et dans le temps, qui sont riches en enseignements. Grâce à leurs magnétomètres, les géophysiciens décèlent en premier lieu de petites fluctuations, qui permettent de mesurer la vitesse de déplacement du fer liquide au sommet du noyau, 2 900 kilomètres sous leurs pieds. Apparemment, ce fer en fusion circule vers l'Ouest à la vitesse d'un mètre par heure…

Une autre particularité du champ magnétique est que son axe ne se confond pas parfaitement avec l'axe nord-sud de la rotation de la Terre, mais se trouve incliné de 11,3 degrés par rapport à lui. Pour cette raison, le Pôle magnétique est décalé par rapport au Pôle géographique, la douzaine de degrés au sol correspondant à une distance de 1 300 kilomètres. Il faut en tenir compte lorsqu'on utilise une boussole, surtout dans les régions polaires, au risque d'errer dans la mauvaise direction. En outre, l'axe du champ dérive de façon aléatoire, l'emplacement du Pôle magnétique se déplaçant à la surface du globe d'une dizaine de kilomètres par an. Une sacrée partie de cache-cache !

Une dernière caractéristique du champ magnétique, et non la moindre, est qu'il varie fortement en intensité à l'échelle des siècles, des millénaires et des millions d'années. Ainsi, depuis les premières mesures faites par Carl Gauss en 1835, son intensité aurait chuté de 5 %. Il semblerait même qu'il ait diminué de 40 % depuis le début de l'ère chrétienne.

Comment le sait-on ? Les Romains avaient-ils des magnétomètres ? Dans un certain sens, oui. Quand on fait fondre une matière contenant du fer, ses particules s'alignent dans la direction du champ magnétique, comme des boussoles. Lorsque la matière se refroidit et se solidifie, la direction et l'intensité du champ y restent « gravées », comme dans un aimant. C'est ce que l'on appelle un champ magnétique « fossile ». Une forge antique, un four de potier, le foyer d'un campement, sont autant d'enregistrements précieux du champ magnétique de l'époque, qui permettent de pister l'intensité et la direction du champ magnétique des milliers, et même des millions d'années dans le passé.

C'est en étudiant le magnétisme fossile d'anciennes coulées de laves riches en oxydes de fer, dans la Chaîne des Puys en Auvergne, que le physicien Bernard Brunhes tombe sur une surprise de taille. La direction du champ fossile est complètement inversée. Il publie en 1901 les premiers indices que le champ magnétique terrestre peut complètement perdre le nord… et pointer vers le Sud !

Géologues et physiciens doutent d'abord de ces étranges mesures, mais au fil des années, d'autres laves, encore plus anciennes, livrent une signature magnétique tout aussi déconcertante. En dressant la liste de tous les relevés, force est de constater qu'il y a eu autant de périodes dans l'histoire de la Terre quand la direction du champ magnétique était *normale*, que de périodes anormales, quand elle était *inverse*.

Le mystère demeure, quant à l'origine de ces étranges renversements, lorsque le champ magnétique bascule tête-bêche. Remous dans les courants de fer fondu qui brassent le noyau terrestre ? Quoi qu'il en soit, ces renversements épisodiques, qui ont lieu trois ou quatre fois par millions d'années en moyenne, nous donnent une clef inespérée pour visualiser et comprendre l'un des mécanismes les plus originaux de la planète Terre : la dérive des continents.

4

Pourquoi les continents ont-ils la bougeotte ?

La Terre une fois cartographiée et sondée en profondeur, on aurait pu croire son portrait terminé. Mais voilà : sa géographie a la bougeotte ! Les continents ne restent pas en place et dérivent au fil du temps. Comment le sait-on ? Quel moteur les propulse ? Y a-t-il au moins un point de repère fixe sur Terre ? Et à quoi ressemble le « tapis roulant » des fonds océaniques, qui contrôle tous ces déplacements ?

Un mystérieux puzzle

Tout un lot de mystères taraudait les géologues depuis des siècles : la forme des continents aux contours étrangement complémentaires, leurs climats passés en contradiction avec leurs latitudes actuelles, la concentration des volcans et séismes en zones étroites le long des rivages, et le soulèvement des montagnes défiant les lois de la pesanteur.

Toutes ces énigmes allaient recevoir une explication lumineuse, mais pour y parvenir, les géologues ont dû d'abord réunir nombre d'indices disparates, suivre leurs intuitions et tester leurs hypothèses par d'habiles procédés, avant de découvrir le pot-aux-roses.

L'aventure a commencé dès la Renaissance, avec les grands voyages de découverte et l'exploration du Nouveau monde. En dessinant le contour des nouveaux continents, les cartographes de l'époque se rendent compte que les côtes de part et d'autre de l'Atlantique sont complémentaires, comme les deux pièces d'un puzzle, l'Afrique et l'Amérique du Sud semblant s'emboîter parfaitement. En 1596, le Hollandais Abraham Ortelius, en particulier, va jusqu'à écrire que les Amériques ont été « séparés de l'Europe et de l'Afrique par des tremblements de terre et des déluges ».

Cette complémentarité des côtes pouvait n'être qu'une simple coïncidence, sauf qu'au fil des siècles, les géologues apportent d'autres pièces au dossier. Ils retrouvent de part et d'autre de l'océan Atlantique des formations rocheuses similaires, datant des mêmes époques géologiques, avec les mêmes fossiles de plantes et d'animaux. Or comment les animaux auraient-ils pu rester les mêmes, vus les hasards de l'évolution, sur des continents séparés ? Certains chercheurs en viennent à supposer que des « ponts » ont relié l'Afrique et l'Amérique du Sud, pour que les animaux des deux continents aient pu se retrouver et se reproduire, sans évoluer en espèces distinctes. Pas des ponts artificiels, bien sûr, mais des isthmes comme l'Amérique Centrale, ou des chapelets d'îles comme les Aléoutiennes du détroit de Béring, qui auraient facilité les migrations et se seraient abîmés depuis dans la mer.

L'intuition d'Alfred Wegener

Au début du vingtième siècle, le chercheur allemand Alfred Wegener (1880-1930) — astronome, météorologue, et géologue à ses heures — rassemble tous ces indices et en ajoute un autre. Il trouve les traces d'anciens glaciers en Afrique du Sud, en Inde et en Australie, qui datent tous de la même époque — une ancienne ère glaciaire survenue en des temps reculés. Or, en rapprochant l'Inde, l'Australie et l'Afrique du Sud jusqu'à les emboîter, le chercheur voit les régions marquées par les anciens glaciers se réunir en une seule calotte glaciaire, comme le motif d'un puzzle.

Tout converge pour soutenir l'idée d'un supercontinent unique dans le passé — que Wegener appelle *la Pangée* —, et qui se serait fragmenté depuis, pour donner les continents actuels. Blessé au début de la Première Guerre mondiale, Alfred Wegener a tout le temps de mijoter sa théorie sur son lit d'hôpital et publie en 1915 un livre « choc » : *La Genèse des continents et des océans*. Il y soutient que les continents se sont séparés et ont labouré les fonds océaniques, comme les brise-glace scindent la banquise, pour venir occuper leurs positions actuelles.

Le livre de Wegener dérange. Il ouvre le flanc à la critique, car il contient pas mal d'erreurs. Mais surtout il dérange, parce que les géologues ne sont pas prêts à remettre en cause les dogmes auxquels ils sont attachés, en particulier que le présent est la clef du passé, que tout est explicable à partir de ce que l'on voit aujourd'hui, et qu'il n'est nul besoin d'invoquer de nouveaux mécanismes *ad hoc* — tirés du chapeau d'un magicien — pour comprendre le monde. Du reste, il y a deux gros problèmes dans le « délire » de Wegener. En premier lieu, il manque un moteur pour faire bouger les continents. L'Allemand a bien proposé la force centrifuge due à la rotation de la Terre, mais elle ne convainc personne. Et d'autre part, même en admettant qu'un tel moteur existe, un continent ne saurait fendre la croûte océanique comme un navire la banquise, sans se plisser et se briser en mille morceaux.

Arthur Holmes à la rescousse

Alfred Wegener trouve la mort en 1930, lors d'une expédition au Groenland, sans que sa théorie n'ait convaincu grand monde. Mais il a tout de même éveillé la curiosité de plusieurs géologues de renom en Europe, entre les deux Guerres, à commencer par le Britannique Arthur Holmes (1890-1965). Celui-ci a deux intuitions que ne désavouerait pas Sherlock, son homonyme détective. D'une part, Holmes soutient que la croûte rocheuse de la Terre a beau être rigide et cassante dans notre expérience courante, elle pourrait bien se déformer de façon plastique en profondeur, à l'échelle des temps géologiques. D'ailleurs, la Terre regorge d'exemples de roches plissées en accordéon.

Quant au moteur de ces mouvements et de ces déformations, Arthur Holmes a trouvé une explication : la chaleur interne de la Terre. La découverte de la radioactivité implique que les couches profondes du globe, avec leur proportion non négligeable d'éléments radioactifs comme l'uranium, chauffent continuellement. Pour que cette chaleur s'évacue, il faut un mécanisme efficace, et il n'y en a pas trente-six. Un simple rayonnement, à la façon d'un radiateur, ne marche pas : la plupart des minéraux sont opaques aux rayons infrarouges et ne les laissent pas passer. La conduction — qui transfère l'énergie par vibration d'un atome à l'autre, comme les collisions d'un jeu de dominos — est trop lente pour faire l'affaire.

Reste la convection, qui tire parti du fait que la matière se dilate quand elle chauffe : cela diminue sa densité et la fait monter par poussée d'Archimède, comme une montgolfière d'air chaud s'élève dans l'air froid. La chaleur du manteau serait transportée de la sorte jusqu'à faible profondeur, où il ne lui resterait plus que la mince croûte terrestre à traverser. Une fois ses calories « déchargées », le manteau devenu plus froid et plus dense replongerait vers les profondeurs du globe, pour s'y recharger en chaleur. On appelle ce mouvement en boucle un *courant de convection*.

D'après Holmes, l'intérieur du globe n'a pas besoin d'être liquide pour opérer de la sorte. En profondeur, la roche chaude et « pâteuse » flue plastiquement en boucle, entraînant en surface le mouvement horizontal de la croûte — l'écume de la Terre —, tout comme l'écume d'une soupe dérive à la surface d'une casserole sous le jeu des « bouillons » de convection. Holmes a même sa petite idée sur la disposition des courants : le centre des océans, occupé par un relief « ballonné », serait le lieu de remontée des courants de convection, et les creux topographiques en bordure de certains océans — les profondes fosses marines — seraient les lieux de redescente. Mais ces spéculations faites en 1929 sont en avance sur leur temps et rencontrent peu d'échos.

La découverte du fond océanique

La Seconde Guerre mondiale voit l'entrée en lice des sous-marins : les U-Boots allemands infligent de lourdes pertes aux Alliés. La U.S. Navy réalise qu'il est temps d'investir massivement dans la recherche océanographique, afin de trouver des parades à cette nouvelle forme de menace. Une meilleure connaissance du relief sous-marin et du magnétisme ambiant aidera à mieux repérer les submersibles ennemis.

C'est là une excellente occasion pour les chercheurs de découvrir les fonds marins. Le géologue américain Harry Hess (1906-1969) s'empresse de rejoindre la Marine et devient capitaine d'un transporteur de troupes dans le Pacifique, qui a pour mission de sonder le fond marin au sonar et d'en dresser des cartes, lors de ses déplacements entre les champs de bataille.

La topographie marine se révèle beaucoup plus intéressante que prévu. Les chercheurs savaient déjà qu'un important relief serpente au milieu de l'Atlantique, dans l'Océan Indien et dans le Pacifique Est, qu'ils ont baptisé *dorsale médio-océanique*. Dans le Pacifique Ouest, Harry Hess découvre aussi des plateaux volcaniques sous-marins, au sommet raboté par l'action des vagues, mais qui se trouvent des centaines de mètres sous la mer, comme si le plancher marin s'était enfoncé au fil du temps. Et il peut cartographier à loisir les profondes fosses marines — telle la fosse des Mariannes —, qui bordent l'Asie.

On avait cru les fonds océaniques vétustes et monotones, à l'image d'une grande vasière qui aurait amassé des sédiments durant des milliards d'années. Or ils sont hérissés de jeunes reliefs, et leur couverture sédimentaire est beaucoup plus fine que prévu, et pas si vieille que ça : on n'y prélève jamais de très vieux fossiles.

Dans les années d'après-Guerre, Harry Hess et nombre de ses confrères se penchent sur ces indices disparates : dérive des continents, âge étonnamment jeune des fonds marins, dorsales élevées au centre des océans, plateaux et fond marin qui s'enfoncent en s'éloignant de la dorsale, fosses profondes en périphérie. Ils tentent de trouver un sens à toutes ces découvertes.

À force de cogiter, Harry Hess se rend à l'évidence que l'intuition du Britannique Arthur Holmes, quinze ans auparavant, est la bonne. Des courants de convection brassent effectivement le manteau sous-jacent, remontent au centre des océans pour y créer une croûte rocheuse chaude et jeune qui se déroule de part et d'autre de la dorsale comme un double tapis roulant. En s'écartant de la dorsale, la croûte nouvellement créée se refroidit, devient plus dense, et s'enfonce en emportant sur son dos les îles volcaniques qui deviennent des plateaux sous-marins. Arrivé en périphérie du bassin, le plancher océanique ploie et plonge au niveau d'une fosse pour se refondre dans le manteau, bouclant la boucle de convection. Et le tour est joué !

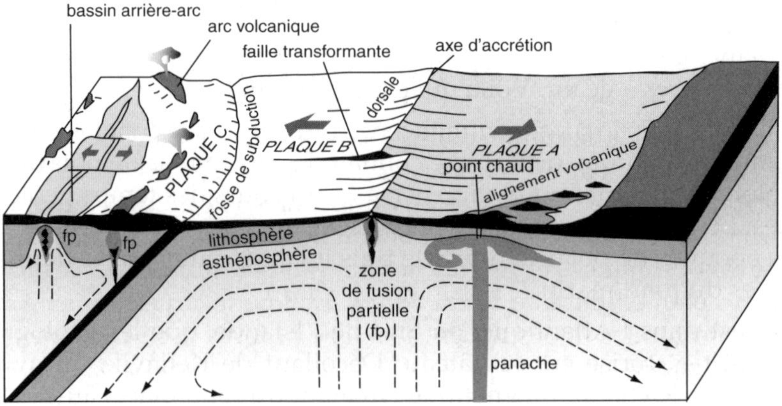

Dans ce scénario, les continents ne sont pas des navires qui fendent le plancher des océans pour changer de place, mais plutôt des radeaux passifs qui subissent ce ballet d'ouverture et de fermeture des bassins océaniques.

Harry Hess fait circuler ses conclusions dès 1959 dans un manuscrit d'une vingtaine de pages qui fait grand bruit parmi ses confrères et qui est publié trois ans plus tard : *L'Histoire des bassins océaniques*.

Pour ne pas brusquer les conservateurs, Hess prend la précaution de qualifier son mémoire de « dissertation en géopoésie » et reconnaît qu'il est truffé d'intuitions et d'hypothèses. Il faut maintenant des preuves.

Un étrange motif géométrique

À l'heure où Harry Hess écrit son précieux mémoire, de nouvelles expéditions sillonnent les mers du globe, traînant dans leur sillage des magnétomètres pour mesurer le champ magnétique piégé dans le fond marin. Au large de la Californie, dans le Pacifique Est, les premières cartes magnétiques ainsi dressées sont un véritable fouillis. Mais en soustrayant le champ magnétique actuel des données brutes, la part « fossile » due à la croûte marine apparaît comme une succession ordonnée de valeurs positives et négatives, dessinant des bandes parallèles au rivage. Sur les cartes en noir et blanc, elles forment un motif en peau de zèbre, une sorte de « code-barres » géant. Voilà qui est bien étrange.

Or, les géologues commencent à réaliser à l'époque que le champ magnétique de la Terre connaît des inversions de polarité — le Nord devenant Sud et vice-versa — au cours des temps géologiques. Les bandes positives et négatives pourraient-elles représenter des époques de polarité normale puis inverse, enregistrées dans les roches du fond marin ?

C'est dans l'Atlantique, au Sud de l'Islande, que les géologues trouvent la cerise sur le gâteau. Décollant de Keflavik, un avion enregistre le champ magnétique émanant du fond marin au-dessus de la mystérieuse dorsale médio-Atlantique. Enchaînant virage sur virage, l'avion survole le relief d'est en ouest et vice-versa, tout en progressant vers le Sud, tissant ligne par ligne une carte magnétique du fond marin. Une fois terminée, la carte révèle non seulement les étranges bandes parallèles de champs normaux et inverses, mais le motif est parfaitement symétrique de part et d'autre de la dorsale, comme une image miroir !

Il faut un éclair de lucidité pour comprendre ce que signifie ce code-barres symétrique. C'est un géologue des mines, le Canadien

Lawrence Morley, qui réalise le premier que ce motif trahit l'expansion des fonds océaniques aux dorsales. Du magma monte par des fractures tout le long du relief sous-marin et enregistre le champ magnétique ambiant. Une fois en place, cette bande de laves est scindée en deux par l'arrivée de magma nouveau, qui la repousse des deux côtés de la dorsale en deux moitiés symétriques. Et ainsi de suite, chaque nouveau filon de magma acquérant le champ magnétique de l'époque — normal ou inverse —, avant de se diviser à son tour pour faire place au filon suivant.

Imaginez, pour vous représenter la scène, un paquet de cartes debout sur la tranche. Chaque carte est une montée de magma qui acquiert une polarité magnétique normale (carte noire) ou inverse (carte rouge). Faites monter deux as de pique au milieu du jeu pour simuler une nouvelle injection de magma. Puis deux rois de carreau (le champ magnétique a changé de polarité entre-temps), qui séparent les deux as de pique. Puis deux valets de trèfle (nouveau changement de polarité) qui séparent les deux rois. Et ainsi de suite. Votre paquet de cartes grossira — c'est l'expansion des fonds océaniques —, de façon symétrique et bicolore par rapport à l'axe central.

Mais ce tour de cartes ne convainc pas les grands « pontes » de la géologie, que toute idée nouvelle dérange. Lawrence Morley soumet ses réflexions en 1962 à deux revues scientifiques qui toutes deux l'envoient paître. Ce n'est pas un géologue des mines, canadien de surcroît, qui va expliquer le fonctionnement de la Terre à des spécialistes. L'article de Morley est rejeté.

De l'autre côté de l'Atlantique, un jeune chercheur du nom de Fred Vine a la même intuition que Morley, au vu des cartes magnétiques. Il arrive à convaincre son directeur de thèse, Drummond Matthews, que les bandes symétriques sont la preuve de l'expansion du fond marin. En outre, d'après les âges des inversions magnétiques, qui commencent à être connus, il calcule la vitesse de cette expansion : c'est bien quelques centimètres par an, comme l'avait prédit Harry Hess dans son mémoire publié l'année précédente. Cette fois, comme Vine et Matthews appartiennent à la prestigieuse université de Cambridge, la pilule passe bien mieux : leur article est accepté et publié en 1963.

L'histoire n'est pas sans rappeler la découverte de l'astéroïde B612 dans *Le Petit prince* de Saint-Exupéry : la découverte ne convainc personne la première fois, parce qu'elle est présentée par un astronome turc en habit traditionnel. Qu'il revienne présenter la même découverte l'année suivante, cette fois en costume occidental, et tout le monde l'écoute et l'applaudit. De même avec le « mineur » canadien Lawrence Morley, débouté par la profession, alors que l'équipe de Cambridge, beaucoup plus respectable, impose les mêmes idées l'année suivante.

Une révolution : la tectonique des plaques

D'autres preuves de l'expansion des fonds océaniques vont déferler au fil des années soixante, une décennie révolutionnaire à bien des égards. Non seulement la société s'enflamme en Europe et aux États-Unis, rejetant l'ordre établi, mais la science elle aussi fait sa mue et bouleverse les idées reçues. De statique la planète se transforme en un monde où tout est en mouvement.

À partir de 1967, l'étude des séismes confirme que les dorsales sont bien en expansion, et la datation par forage des sédiments sur leurs flancs confirme leur âge croissant en s'éloignant de l'axe central, ainsi que la vitesse de cette expansion : un à deux centimètres par an dans l'Atlantique, et jusqu'à une quinzaine de centimètres par an dans le Pacifique Est. Quant aux séismes sous les profondes fosses marines autour du Pacifique, ils indiquent bien la plongée de la croûte la plus ancienne — refroidie et plus dense — jusqu'à des centaines de kilomètres de profondeur, où elle va se refondre dans le manteau.

En 1968, pendant que les étudiants du Quartier latin arrachent les pavés et dressent des barricades, les géologues construisent de leur côté un nouvel ordre mondial, en dessinant le contour des « plaques tectoniques ». Les multiples tapis roulants des fonds océaniques découpent l'écorce terrestre en un certain nombre de plaques indépendantes — ou plutôt devrait-on dire interdépendantes —, toutes mobiles les unes par rapport aux autres. Leur identification est facilitée par le fait que leurs frontières sont agitées par des séismes. De fait, il suffit de dresser la carte mondiale des tremblements de terre pour voir se dessiner la mosaïque des plaques.

Les dorsales océaniques constituent un premier type de frontière entre plaques, où deux d'entre elles se séparent — marges que l'on qualifie de « divergentes ». C'est le cas au milieu de l'Atlantique Nord où se séparent les plaques Eurasie et Amérique du Nord. Ailleurs, la bordure d'une plaque peut plonger sous une autre, au niveau d'une fosse marine : ce sont les marges « convergentes », à l'image de la plaque Pacifique qui glisse sous celle de l'Amérique du Sud. Enfin, certaines frontières entre plaques sont coulissantes, comme deux planches que l'on fait glisser l'une contre l'autre, sans création, ni destruction de surface, à l'image de la faille de San Andreas en Californie, qui voit la plaque Pacifique coulisser vers le Nord par rapport à la plaque américaine.

Les séismes

La croûte terrestre, qui est rigide, résiste aux mouvements que tente de lui imposer la circulation du manteau sous-jacent. Elle reste immobile et accumule des tensions – appelées *contraintes* par les géologues – jusqu'à un certain seuil au-delà duquel la roche casse le long d'un plan de faille et bouge soudainement.

Si le mouvement est un écartèlement de la croûte, il y a glissement vers le bas d'un bloc par rapport à un autre : la faille est dite *normale* et on assiste à la création d'un fossé ou *graben*, comme la plaine d'Alsace. Si le mouvement est en compression, un bloc de terrain est poussé sur le dos d'un autre : la faille est dite *inverse* et il y a *chevauchement*, comme dans les montagnes. Enfin, si deux plaques bougent simplement en sens inverse le long d'une frontière, sans s'écarter ni se rapprocher, le mouvement est dit *transformant* ou *décrochant*, comme pour la faille de San Andreas en Californie.

Le point de rupture d'une faille, à partir duquel se propage le glissement, est appelé *foyer*. Le point en surface, à la verticale du foyer, est appelé *épicentre*. À partir du foyer, des vibrations se propagent dans toutes les directions : ce sont elles qui constituent le « tremblement de terre ». Elles comprennent des ondes de compression (en accordéon), des ondes de cisaillement (comme le va-et-vient d'un tamis), et des ondulations de la surface du sol.

Plus les contraintes ont eu le temps de s'accumuler avant la rupture, plus le séisme est important. Il y a donc lieu de s'inquiéter dans les zones sismiques, là où une faille n'a pas bougé depuis longtemps. Les plus grands séismes ont lieu sur les failles décrochantes, comme à San Andreas, ou le long des *fosses de subduction* où une plaque tectonique plonge sous une autre, comme en Indonésie.

Combien y a-t-il de plaques ?

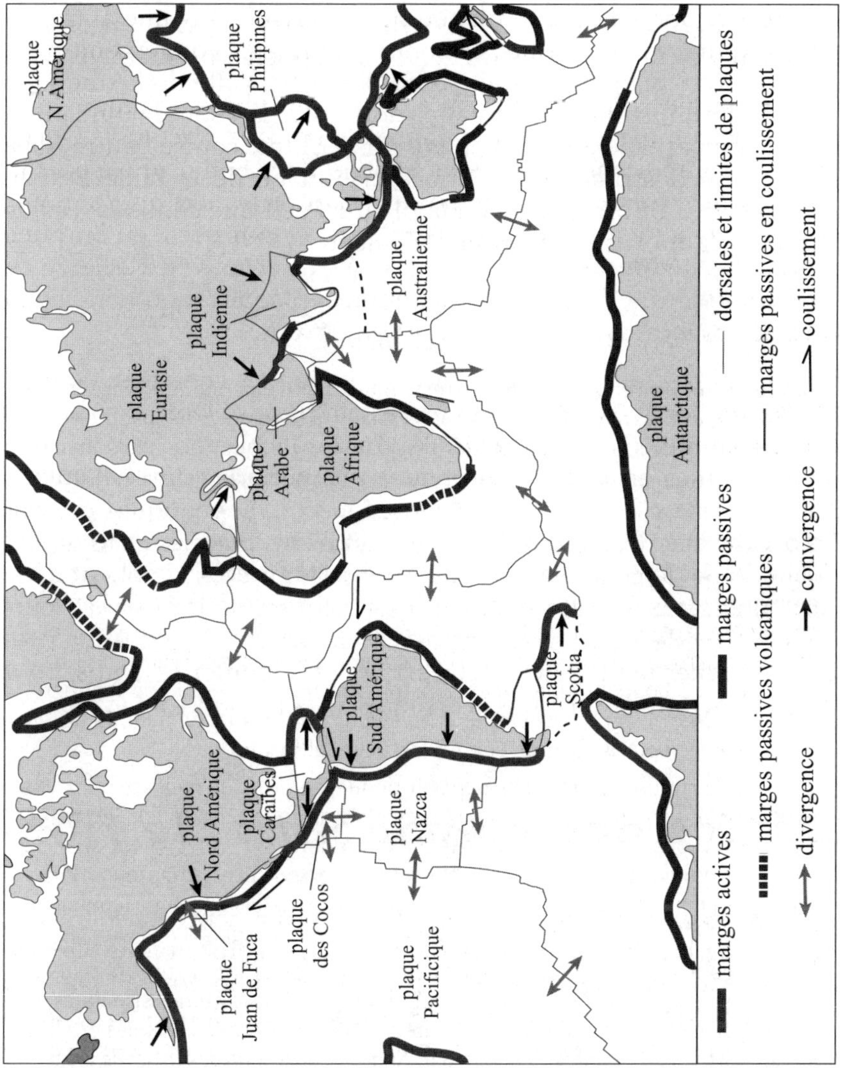

Il y a une bonne douzaine de plaques tectoniques, de tailles et de formes variées. La plus grande est celle du Pacifique, suivie par celles de l'Eurasie et de l'Afrique. La superficie d'une plaque atteint des millions de kilomètres carrés, mais son épaisseur se limite à une centaine de kilomètres seulement : la partie superficielle, rigide et cassante de la Terre, que les géologues appellent *lithosphère*.

Certaines plaques se limitent à de la lithosphère océanique uniquement, comme celle des Philippines dans le Pacifique Ouest. D'autres comportent un continent attaché à de la lithosphère océanique, comme l'Eurasie qui commence à la dorsale médio-Atlantique, se prolonge à l'Est par l'Europe et l'Asie, et comporte au Sud une moitié de Méditerranée. Du reste, la Méditerranée est éclatée en « microplaques », la douzaine de grandes plaques mondiales étant complétées localement par de plus petites unités.

Brillant par leur esprit de synthèse, de jeunes chercheurs ont tôt fait de jongler avec les plaques et de comprendre leur géométrie et leur dynamique. C'est le cas de Xavier Le Pichon en France, qui a fait ses armes en traçant les bandes magnétiques de l'Atlantique Nord. Il s'attache alors à recenser les motifs magnétiques de tous les océans et à dresser une carte mondiale des plaques tectoniques, notant l'âge de chaque bande du fond océanique. On obtient de la sorte une carte de l'arrangement des plaques, mais aussi de leurs directions et de leurs vitesses de déplacement dans le passé. On peut alors dérouler le film en marche arrière et remonter le temps, pour découvrir comment bassins océaniques et continents ont évolué.

Dérive des continents : le film

Cette reconstruction montre que tous les continents étaient réunis, il y a plus de 200 millions d'années, en un bloc unique : la *Pangée*. L'océan Atlantique n'existait pas encore, et on pouvait passer à pied sec d'Afrique en Amérique, ce que les animaux n'ont pas manqué de faire à l'époque, d'après le témoignage de leurs fossiles. Par ailleurs, la direction du champ magnétique inscrit dans les roches montre que les unités continentales se trouvaient plus au Sud qu'aujourd'hui, l'Afrique du Sud, l'Inde et l'Australie jouxtant le Cercle Polaire austral, d'où les traces de calotte glaciaire inscrites dans les roches de l'époque.

Apparemment, cette grande chape continentale, épaisse et isolante, a empêché la chaleur du manteau sous-jacent de s'échapper, faisant monter la température et amplifiant les courants de convection. Chauffée et amincie, la croûte continentale s'est scindée en son milieu, un rift volcanique se propageant entre Afrique et Amérique du Nord, il y a 200 millions d'années. Des lacs salés, puis des bras de mer ont envahi le rift qui est devenu peu à peu une dorsale sous-marine. Un océan est né — l'Atlantique Central — qui s'est prolongé à travers les futures Caraïbes jusqu'au Pacifique, scindant le continent unique de la Pangée en deux moitiés nord et sud, baptisées *Laurasie* et *Gondwana* par les géologues.

Puzzle sur une sphère

Lorsque les continents se séparent, ils tournent aussi sur eux-mêmes, car les mouvements ont lieu à la surface d'une sphère (le globe terrestre). La géométrie à la surface d'une sphère est dite « eulérienne », à la différence de notre géométrie plane qui est dite « euclidienne ». Sur une sphère, l'ouverture d'un rift ou d'une dorsale s'apparente plus à l'ouverture d'un compas – un déploiement en éventail des deux plaques opposées par rapport à un pôle de rotation – qu'à l'ouverture d'une paire de rideaux.

Ainsi, l'Atlantique Nord est plus étroit dans sa partie boréale, proche de son pôle d'ouverture, qu'aux plus basses latitudes où le taux linéaire d'expansion océanique est plus élevé. Quant à l'ouverture de l'Atlantique Sud, elle fait tourner l'Afrique dans le sens inverse des aiguilles d'une montre, prenant la Méditerranée en étau pour la pincer contre l'Europe.

Il y a un peu plus de 100 millions d'années, ce fut au tour de l'Inde, de l'Australie et de l'Antarctique de se séparer de l'Afrique pour voguer chacun de son côté, avec la naissance de l'Océan Indien, alors que par ailleurs l'Atlantique Sud s'est ouvert entre Afrique et Amérique du Sud. En dernier, l'Atlantique Nord s'est ouvert entre Canada, Groenland et Europe du Nord, il y a environ

50 millions d'années. Depuis lors, l'Atlantique continue de s'agrandir au rythme de deux à trois centimètres par an, alors que l'Océan Pacifique rétrécit en proportion.

Cela étant, il ne faut pas imaginer que cette expansion des fonds océaniques, et les rétrécissements associés au niveau des fosses, se font à un rythme de métronome, millimètre par millimètre. L'écartement au rift et la plongée aux fosses se déroulent de façon saccadée et par segments disjoints : quelques kilomètres de dorsale se fissurent sur quelques mètres pour se remplir de laves, puis ne bougent plus durant plusieurs siècles, alors que d'autres segments de dorsale s'animent à leur tour. C'est la *moyenne* de tous ces mouvements, établie sur le long terme, qui revient à deux centimètres par an dans l'Atlantique Nord, ou seize centimètres par an (le record actuel de vitesse) dans le Pacifique Est.

Jusqu'où peut-on remonter dans le temps ?

On connaît bien le dernier acte de la tectonique des plaques — les 200 derniers millions d'années qui ont vu la fragmentation de la Pangée —, parce que les fonds océaniques sont encore là, avec leur code-barres magnétique, pour nous permettre de rejouer le film, scène par scène. Remonter plus loin dans le temps est plus difficile, parce que les générations précédentes de fonds océaniques ont disparu : elles ont plongé dans les fosses de subduction pour se refondre dans le manteau terrestre, emportant avec elles leur précieux témoignage. Il reste bien les continents eux-mêmes qui sont insubmersibles — car leur croûte légère les empêche de couler dans le manteau —, mais leur témoignage est plus difficile à lire. Leurs roches magnétisées, datant d'époques reculées, permettent de déduire leurs latitudes passées, mais pas leurs longitudes. Les géologues recueillent également le témoignage d'anciens rifts, d'arcs volcaniques ou de montagnes antiques, qui permettent de déterminer les endroits où se sont séparés ou rassemblés d'anciens blocs continentaux.

Les détectives du globe peuvent ainsi repasser le film de la dérive des continents en marche arrière sur près de deux milliards d'années, quoique de façon de plus en plus incertaine et fragmentaire au fil du temps. Il s'en dégage un motif presque cyclique de séparations, puis de rassemblements des masses continentales. C'est assez logique lorsqu'on y pense, car des morceaux qui se séparent sur une sphère finissent généralement par se retrouver de l'autre côté.

Avant le supercontinent de la Pangée, qui a existé entre 300 millions et 200 millions d'années, on peut remonter de la sorte jusqu'au rassemblement précédent des masses continentales, il y a 1,1 milliard à 750 millions d'années, que l'on a baptisé *Rodinia*. En remontant encore plus loin dans le temps, on trouve les indices d'un rassemblement encore antérieur, il y a 1,8 à 1,5 milliard d'années — supercontinent auquel les géologues donnent le nom de *Columbia*, *Nuna* ou *Hudsonia* : à vous de choisir ! De toute façon, n'espérez pas vous y retrouver : sa géographie n'a plus rien à voir avec celle d'aujourd'hui. L'Inde y est rattachée à la côte Ouest des « États-Unis », surmontée de l'Australie qui est rattachée au Canada. Quant à l'Amérique du Sud, elle est retournée tête-bêche, avec le Brésil coincé entre l'Amérique du Nord et la Scandinavie.

Quels seront les mouvements futurs ?

À partir des déplacements actuels des plaques tectoniques, on peut imaginer à quoi ressemblera la Terre dans le futur. Certaines scissions auront lieu, comme la séparation de l'Afrique de l'Est du reste du continent, de part et d'autre de la vallée du Rift qui deviendra un bras de mer.

Mais ce sont les collisions continentales qui domineront les débats à venir. L'Australie s'écrasera contre l'Asie du Sud-est dans une centaine de millions d'années. Quant à la fermeture de l'océan Pacifique, dont le bassin disparaît dans les fosses de subduction périphériques, elle finira par recoller les Amériques à l'Asie dans 200 à 300 millions d'années.

Ainsi, les masses continentales se dirigent vers un nouvel épisode de rassemblement en un supercontinent unique, à l'image de l'ancienne Pangée. Le tout, bien sûr, si les mouvements relatifs des plaques tectoniques restent les mêmes qu'aujourd'hui, ce qui est loin d'être gagné !

Tout bouge, mais par rapport à quoi ?

Avec une douzaine de plaques en mouvement les unes par rapport aux autres, tout est bien relatif. On calcule le mouvement d'une plaque donnée par rapport à ses voisines… lesquelles sont également en mouvement. N'y a-t-il pas un cadre absolu de référence, un point fixe auquel on pourrait rapporter tous ces déplacements, afin de définir des mouvements « absolus » ?

En fait, les seuls points de référence fixes seraient nécessairement *à l'intérieur* de la Terre, sous les plaques tectoniques qui dérivent en surface. Or, les géologues pensent les avoir trouvés. Il s'agit de panaches de roche chaude, qui montent verticalement à travers le manteau terrestre pour percer la surface du globe et y nourrir des provinces volcaniques appelées *points chauds*. Enracinés profondément dans le globe terrestre, ces panaches sont indépendants des mouvements horizontaux en surface et pourraient constituer ces points de repère statiques tant convoités.

C'est en plein Pacifique que l'on trouve le plus bel exemple de point chaud : il a formé l'archipel des îles Hawaï, un alignement de volcans qui se prolonge vers le Nord-ouest par les îles Midway — atoll à fleur d'eau —, puis par des reliefs qui furent autrefois des îles volcaniques, mais se sont enfoncés depuis sous le niveau de la mer. On peut suivre le chapelet de ces reliefs sous-marins, appelés chaîne de l'Empereur, jusqu'au Kamchatka. Depuis Hawaï jusqu'à la péninsule russe, la chaîne volcanique mesure au total près de 6 000 kilomètres.

Cet alignement impressionnant a interpellé les pionniers de la tectonique des plaques, qui y ont vu à juste titre la manifestation d'un volcanisme exceptionnel, n'ayant rien à voir avec celui d'une dorsale. C'est le Canadien Tuzo Wilson qui a compris le premier, dès 1963, ce que signifiait cet alignement : la source du magma, profonde et permanente, vient percer la plaque Pacifique à la façon d'un chalumeau. Comme la plaque Pacifique « rampe » vers le Nord-ouest, les volcans qui se construisent à l'aplomb du panache sont emportés dans cette direction, se déconnectent de leur plomberie magmatique pour s'éteindre, alors qu'un nouveau volcan se bâtit à son tour au-dessus de la source. Emportés sur leur tapis roulant, les anciens volcans se refroidissent, se tassent et finissent par disparaître sous les flots.

Quelle aubaine pour les chercheurs ! Les points chauds, comme celui d'Hawaï, pourraient donc jouer le rôle de « stylet » et inscrire sur les plaques la trace de leurs déplacements absolus par rapport à l'intérieur de la Terre. Ainsi, dans le cas de la chaîne Hawaï-Empereur, l'alignement indique un déplacement de la plaque Pacifique vers le Nord-ouest. Mais au-delà du relief sous-marin de Koko, les volcans plus anciens sont alignés dans une direction plein Nord jusqu'au Kamchatka. Ce point d'inflexion à hauteur de Koko trahirait un changement de direction de la plaque Pacifique au-dessus du « stylet », direction qui aurait viré de Nord à Nord-ouest, il y a environ 43 millions d'années.

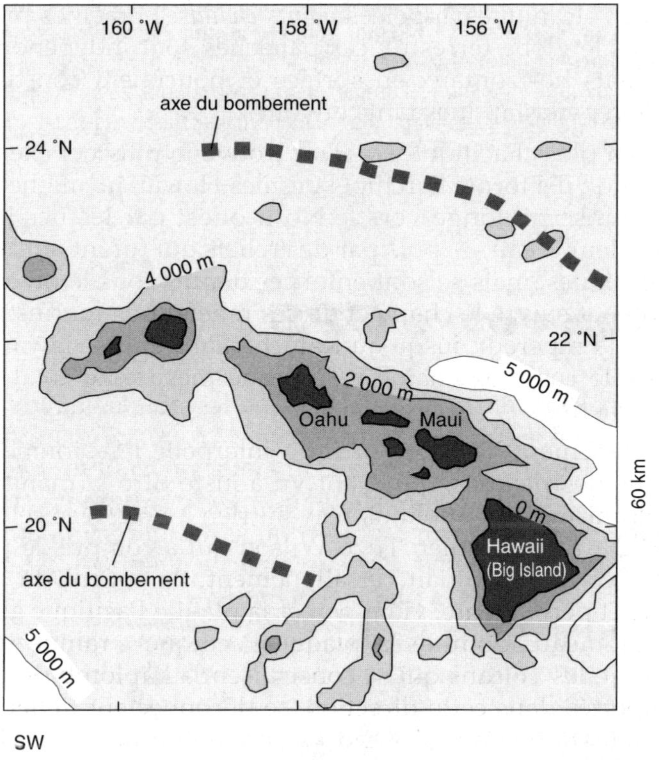

Les îles Hawaï : un exemple de « point chaud »

Un point chaud est un panache de magma qui monte des profondeurs du manteau et perce la plaque tectonique en surface pour y bâtir des volcans. Comme la plaque est en mouvement, les volcans sont emportés sur leur « tapis roulant », s'éteignent et vieillissent, alors que de nouveaux reliefs se bâtissent à leur place.

Un tel panache monte au milieu du Pacifique, et se situe actuellement sous la Grande Île d'Hawaï, couronnée de deux volcans actifs : le Mauna Loa et le Kilauea. Le relief est impressionnant, car aux 5 000 mètres d'altitude atteints par les volcans au-dessus du niveau de la mer, il faut ajouter 4 000 mètres de dénivelé sous la mer jusqu'aux plaines abyssales. La grande île volcanique s'élève donc plus de 9 000 mètres au-dessus de son niveau de base et détrône l'Everest comme plus haut relief de la planète.

Le complexe volcanique précédent – l'île de Maui et son volcan Haleakala – a déjà dérivé une centaine de kilomètres vers le Nord-ouest et s'est éteint, il y a un million d'années environ, hors de portée du panache de magma. Les âges des reliefs vont ainsi croissant vers le Nord-ouest, marquant le temps écoulé depuis qu'ils ont quitté le point chaud et atteint leur position actuelle, emportés par la plaque Pacifique : 5 millions d'années pour l'île de Kauai, 25 millions d'années pour les îles Midway, 43 millions d'années pour le relief sous-marin de Koko, et près de 80 millions d'années pour les plus vieux reliefs sous-marins, en bordure du Kamchatka.

Sortez votre GPS !

Des voix s'élèvent pour avancer que les points chauds ne sont pas aussi fixes qu'on voudrait bien le croire. Le changement de direction de l'alignement Hawaï-Empereur, pourrait tout aussi bien signifier une dérive du point chaud lui-même ! Migrant vers le Sud, le panache ne se serait immobilisé qu'il y a une cinquantaine de millions d'années, et ce ne serait qu'à partir d'alors qu'il indique le déplacement absolu de la plaque Pacifique.

Si la fixité des points chauds est mise en doute, quel autre point de repère permettrait de juger le mouvement absolu des plaques ? Heureusement, nous disposons aujourd'hui du réseau GPS de satellites, qui nous offre un cadre de référence ancré au centre de la

Terre : le centre de masse autour duquel tournent tous les satellites. Les changements de position GPS des plaques, que l'on peut suivre au centimètre près, satisferaient ainsi notre soif d'absolu. Il faut fermer les yeux sur quelques détails, mais on en arrive à visualiser le fait que l'ensemble des plaques dérive vers l'Ouest, certaines plus vite que d'autres. Ce serait surtout ces différences de vitesse qui engendreraient une expansion des fonds océaniques par endroits, et des raccourcissements ailleurs. Les plaques les plus lentes semblent être celles de l'Antarctique, de l'Afrique et de l'Eurasie : par rapport au centre de la Terre, elles bougeraient de moins d'un centimètre par an. Si vous habitez l'un de ces continents, vous aurez un peu moins le tournis qu'ailleurs !

À quoi ressemble une dorsale ?

Les dorsales sous-marines constituent le relief le plus marquant de la planète. Si l'on vidait les bassins océaniques de toute leur eau, la chaîne volcanique serait visible à l'œil nu depuis la Lune : une gigantesque balafre, serpentant autour de la Terre sur plus de 60 000 kilomètres, large de 2000 à 3 000 kilomètres, et s'élevant jusqu'à 3 000 mètres au-dessus des plaines abyssales.

Les dorsales ne présentent pas partout le même profil. Les dorsales « rapides », comme celle du Pacifique Est — sièges d'une forte expansion des fonds océaniques —, ont un profil en pente douce, avec un bombement sommital assez monotone. Les dorsales « lentes », comme celle de l'Atlantique, ont un relief plus pentu et leur crête est fendue tout du long par une vallée d'effondrement — un rift axial — où se déroule l'essentiel du volcanisme. Lorsque les pionniers de la tectonique des plaques décident de constater de leurs propres yeux l'expansion des fonds océaniques, c'est sur une telle dorsale lente qu'ils jettent leur dévolu.

Cette première plongée en bathyscaphe sur un rift est décidée en 1970 dans le cadre du programme franco-américain « FAMOUS » : *French-American **M**id-**O**cean **U**ndersea **S**urvey.* « Famous » veut dire « célèbre » ou « fameux » en anglais et le jeu de mots est de circonstance, car plonger à près de 3 000 mètres de profondeur, pour mener une campagne scientifique aussi ambitieuse, est un fameux défi. Armstrong et Aldrin viennent tout juste de marcher sur la Lune, mais personne n'a encore « survolé » une dorsale sous-marine de la planète Terre.

Le site de la mission est choisi 700 kilomètres au sud-ouest des Açores, et son repérage soigneusement préparé depuis des navires de surface, équipés de sonars, carotteuses, chaluts et caméras remorquées. Les échos recueillis esquissent le portrait d'une vallée axiale dont les versants pentus plongent plusieurs centaines de mètres jusqu'à un plancher large de deux à trois kilomètres. Au milieu sont alignés une ribambelle de mamelons hauts de quelques dizaines à quelques centaines de mètres, comparables à la chaîne des Puys en Auvergne, et interprétés comme étant les volcans les plus récents.

À grande échelle, l'ensemble du rift est saucissonné en segments longs d'une cinquantaine de kilomètres chacun, décalés les uns des autres par des failles, à la manière d'un vilebrequin géant. Les chercheurs ont choisi une telle intersection, entre faille et rift, comme site de la plongée, car elle permet d'une pierre deux coups : étudier la vallée volcanique, ainsi que la faille qui dégage une vue en coupe du rift.

Trois submersibles sont mobilisés pour l'expédition : le bathyscaphe *Archimède* de la Marine Nationale; une soucoupe plongeante rachetée au Commandant Cousteau et rebaptisée *Cyana;* et le submersible américain *Alvin*.

L'Archimède est le premier à poste et effectue les plongées inaugurales en juillet 1973 avec à son bord pilote et chercheurs rivés aux hublots. Ils découvrent au fond du rift des monticules de laves sous-marines, à l'aspect tellement jeune que leur âge ne saurait dépasser quelques siècles à quelques millénaires. Du reste, elles n'ont qu'un léger saupoudrage de sédiments, alors qu'en s'écartant du rift, les laves deviennent de plus en plus vieilles, recouvertes de dépôts sédimentaires de plus en plus épais. Les découvertes se multiplient, malgré la navigation dangereuse à de telles profondeurs et dans un relief aussi accidenté. « Le courant nous plaque contre la paroi, mais cela me permet de prendre des clichés incroyables », commente en direct le responsable scientifique Xavier le Pichon, « Je ne donnerais pas ma place pour un empire ! ».

Les plongées s'enchaînent l'été suivant sur le même site, avec trois sous-marins opérationnels, *l'Archimède* se concentrant sur les pentes du rift, *l'Alvin* sur la vallée axiale et *le Cyana* sur la faille qui expose les parois les plus abruptes. Les chercheurs trouvent même des minerais de manganèse déposés par d'anciennes sources hydrothermales, preuve de l'intense circulation d'eau de mer qui s'infiltre dans la plomberie de la dorsale. Seul bémol : les plongeurs n'ont pas surpris d'éruption en cours, ce qui s'explique par le fonctionnement intermittent des dorsales lentes. Sur un segment donné, comme celui de FAMOUS, les éruptions n'ont lieu que tous les quelques siècles.

La vie au fond des mers

Après une dorsale lente, il va de soi que les explorateurs ont voulu plonger sur une dorsale rapide. C'est donc sur la dorsale du Pacifique Est, au large des îles Galapagos, que l'équipe franco-américaine récidive à partir de 1977, avec les submersibles *Cyana* et *Alvin*. Dans les champs de lave sous-marins, ils commencent par découvrir des sources d'eau tiède — environ 15 °C au lieu des 2 °C habituels à de telles profondeurs —, sources riches en minéraux dissous qui alimentent une faune des plus étranges. Les biologistes photographient des vers géants qui pointent leur chair rosée au dehors d'encroûtements tubulaires, et des bivalves grands comme des assiettes.

En 1979, c'est le « jackpot » : le submersible *Alvin* découvre une cheminée hydrothermale en pleine action, crachant une eau acide à 350 °C — qui reste liquide à cause de la forte pression —, chargée de gaz et de métaux dissous. Au contact de l'eau de mer, la source hydrothermale précipite des particules de fer et de manganèse, cuivre, zinc, plomb et silice, qui bâtissent des cheminées hautes de 20 à 30 mètres. Parce que leurs bouillons sont assombris par les particules métallifères, ces sources très chaudes sont baptisées « fumeurs noirs » par leurs découvreurs.

Tout aussi impressionnants sont les « fumeurs blancs » découverts peu après, dont les eaux fusent à 250 °C « seulement ». Dans la lueur des projecteurs, de blanches particules papillonnent autour des bouches, qui ne sont autres que des bactéries — des bactéries d'un genre nouveau qui dérivent leur énergie des métaux et des gaz dissous. Et à quelques mètres de ces cheminées actives fleurissent des oasis de vie : moules et clams géants, pieuvres et crustacés aveugles, vers « spaghetti » et vers tubicoles agitant leurs filtres en forme de plumeau dans le courant.

De fait, la découverte de cette faune inattendue dans l'obscurité des abysses ouvre de nouvelles perspectives sur l'adaptation de la vie aux conditions extrêmes. Elle offre l'espoir de découvrir des formes de vie extraterrestre dans les nappes d'eau souterraines de planètes *a priori* hostiles, comme Mars ou encore la lune Europe, satellite de Jupiter, qui abrite une mer salée sous sa carapace de glace.

Après la découverte des sources hydrothermales, ce n'était qu'une question de temps avant que les plongeurs ne tombent sur une éruption volcanique en bonne et due forme. En 1991, ils découvrent une coulée de lave à peine refroidie, parcourue de sources tièdes et tapissée de bactéries, et ils décident de revenir chaque année pour en suivre l'évolution. Puis, à partir de 2005, une rafale de séismes confirme l'imminence d'une nouvelle éruption. Début 2006, l'un des sismomètres laissés sur le fond marin ne répond plus. Une caméra robotique descendue sur le rift confirme l'éruption : le site et l'instrument de mesure sont recouverts par une coulée de lave toute fraîche ! Branle-bas de combat et nouvelle plongée du submersible Alvin en avril 2006 : les chercheurs peuvent constater de leurs propres yeux que la dorsale du Pacifique a recouvert le fond marin de basalte sur près de 15 kilomètres carrés — une surface comparable à celle des plus grands épanchements de lave observés sur la terre ferme en 2 000 ans d'histoire. Comme quoi l'ampleur du volcanisme terrestre était cachée au fond des mers.

5

Comment fonctionnent les volcans ?

Qu'est-ce qui fait fondre les roches ? Depuis quelle profondeur monte le magma ? Pourquoi certaines éruptions sont-elles paisibles et d'autres explosives ? Quelles sont les plus grosses éruptions des temps historiques ? Les éruptions menacent-elles le climat ? Sont-elles capables de massacrer la biosphère ?

Sur les traces de Jules Verne

Les volcans ont toujours fasciné les Hommes. C'est dans la cheminée d'un volcan que Jules Verne fait descendre ses héros dans *Voyage au centre de la Terre*, pour explorer les entrailles de la planète. Il choisit l'Islande pour ce voyage initiatique, car peu d'endroits dans le monde permettent de cerner le fonctionnement intime du globe de façon aussi synthétique et spectaculaire. On y voit non seulement une grande variété de reliefs volcaniques — cônes, boucliers, rides, montagnes en table —, mais aussi des failles et des fissures qui prouvent que le volcanisme est intimement lié à l'extension de la croûte terrestre, qui permet à la matière chaude de se faufiler jusqu'à la surface.

À une cinquantaine de kilomètres seulement de la capitale Reykjavik, le Parc National de Thingvellir permet notamment de parcourir à pied les fissures qui découpent le paysage en une vallée centrale, abaissée d'une cinquantaine de mètres par rapport au plateau environnant. On peut cheminer dans ces fossés, cernés par des murailles verticales de basalte, et se croire en bathyscaphe, explorant le rift au fond de l'Atlantique. Ce n'est pas un hasard si les plongeurs des expéditions sous-marines sont venus en Islande avant leur mission, pour se familiariser avec le type de relief qui les attendait au fond des mers.

Les volcans islandais prennent des formes très variées. Certains sont allongés en forme de miche de pain, comme le volcan Hengill et ses sources chaudes, entre Reykjavik et Thingvellir. Au nord du Parc, une lentille de laves en pente douce et au nom imprononçable — le Skjaldbreiður — est un volcan « bouclier » avec un petit cratère à son sommet. Quant à cet autre relief à l'horizon, aux pentes abruptes et au sommet plat comme une table — le Herdubreid —, c'est un volcan sous-glaciaire, moulé et compacté par sa chape de glace aujourd'hui disparue. Et pour le visiteur exigeant qui ne reconnaît comme volcan que les cônes élancés, chapeautés de neiges éternelles, deux heures de route suffisent pour découvrir le majestueux Snaeffels que Jules Verne a choisi comme cheminée d'accès pour descendre au centre de la Terre.

Le volcanisme selon Aristote

Aristote se penche sur l'origine du volcanisme dès le IVe siècle avant J.-C. Constatant l'emplacement de plusieurs volcans le long du rivage méditerranéen, il postule que les vagues battant contre les côtes marines agissent à la façon d'un soufflet pour y comprimer l'air et attiser des feux souterrains.

D'où vient la chaleur ?

À l'époque où Jules Verne écrit son roman (1864), on sait bien peu de chose sur le volcanisme, et pour cause : l'origine même de la chaleur qui transforme la roche en *magma* liquide reste inconnue.

Les chercheurs proposent bien un mécanisme de combustion chimique, comme celle que l'on obtient au laboratoire en mélangeant du sodium et de l'eau par exemple. Mais cela demanderait de singulières concentrations d'éléments « antagonistes » et consommables de surcroît, pour expliquer un phénomène aussi répandu qui dure depuis la nuit des temps. À leur décharge, les contemporains de Jules Verne étaient loin de pouvoir deviner la source de chaleur : elle ne sera comprise qu'un demi-siècle plus tard avec la découverte de la radioactivité naturelle des roches.

La radioactivité chauffe les roches du manteau terrestre qui de ce fait augmentent légèrement de volume et voient leur densité baisser. À la manière d'une montgolfière, propulsées par la poussée d'Archimède, elles entreprennent un mouvement ascendant, quoiqu'à une allure de sénateur : un mètre par an environ, soit près de trois millions d'années pour monter du manteau profond jusqu'à la surface.

Magma = on appelle magma la roche fondue qui est en partie liquide, mais inclut aussi des cristaux solides en suspension et des gaz dissous.

En cours de chemin, elles demeurent encore solides. Pour qu'il y ait volcanisme, il faut que cette roche chaude veuille bien fondre à l'approche de la surface, ce qui n'est pas gagné d'avance.

Les forges de Vulcain

Avant le discours rationnel des philosophes, on attribuait le volcanisme au travail des dieux. Sous l'île de Lemnos en mer Égée, connu pour ses fumerolles et ses sources chaudes, les Anciens Grecs avaient logé Héphaïstos, dieu de la forge et de la métallurgie, et fournisseur attitré de l'Olympe. Les commandes affluaient – foudres en bronze pour Zeus, armures pour Achille, casques ailés pour Hermès –, de sorte que Héphaïstos en vint vite à établir ses quartiers sous l'Etna, atelier autrement plus vaste, et à se faire assister par une armée de Cyclopes. Les sourdes explosions et les fontaines de scories au sommet du volcan étaient les coups d'enclume et les étincelles de sa forge.

L'avènement de l'Empire Romain ne changea rien à l'entreprise, Héphaïstos changeant simplement de nom pour devenir Vulcain, et gardant ses anciens clients devenus entre-temps Jupiter, Mercure et consorts.

Ce fut le Christianisme qui mit au chômage technique tous ces dieux entreprenants, mais il n'en garda pas moins l'Etna comme entrée principale, non pas d'un atelier, mais de l'enfer – privilège douteux qu'il partage avec le volcan Hekla en Islande. Pas étonnant, vu ses résidences principales, que le Diable sente le soufre…

Pourquoi la roche fond-elle ?

Les physiciens connaissent trois processus qui stimulent la fusion des roches, et nous allons voir qu'aucune n'est de trop. Le premier, qui vient naturellement à l'esprit, est l'augmentation de la température. Un ballon de roche qui monte vers la surface est effectivement plus chaud que le milieu qu'il traverse. Mais en s'élevant à travers ce milieu plus froid, il aura plutôt tendance à se refroidir !

Pour espérer fondre, il faut donc qu'en sus de sa température initialement plus élevée, notre ballon profite d'un second facteur : la baisse de pression. Ce phénomène ne nous vient pas naturellement à l'esprit, car il échappe à notre expérience courante. Nous sommes habitués aux changements de température, mais nous subissons rarement de grosses variations de pression (sauf les plongeurs sous-marins). Les roches du manteau terrestre, elles, subissent d'importantes baisses de pression lorsqu'elles montent vers la surface du globe.

Or, plus la pression baisse et moins les atomes sont contraints à rester figés dans un état solide. Une roche à température critique, mais encore solide à une profondeur donnée, commencera à se liquéfier d'elle-même lorsqu'elle remontera vers la surface, à cause de cette baisse de pression.

Vous avez dit Celsius ?

Dans la vie de tous les jours, nous avons l'habitude de mesurer la température en degrés Celsius. Les scientifiques préfèrent parler en « kelvins » (K) qui est l'unité officielle, de valeur égale (1 °C = 1 kelvin). La différence réside dans le point de départ de l'échelle : c'est le point de fusion de la glace dans l'échelle Celsius (0 °C), ce qui implique des valeurs négatives jusqu'à la température la plus basse possible (– 273 °C). L'échelle kelvin commence en revanche à cette origine absolue (0 K = – 273 °C), de sorte que 273 K = 0 °C, 373 K = 100 °C, etc.

Un troisième facteur aide les roches à fondre : leur teneur en eau. En effet, un minéral fond plus aisément s'il contient des fluides en solution, comme de l'eau ou du dioxyde de carbone. Loin d'être anodin, cet effet est spectaculaire dans le cas du manteau terrestre. Celui-ci possède, dissous dans ses minéraux, une teneur en eau de 0,1 % environ qui abaisse sa température de fusion de près de 300 *kelvins* (300 °C). Au lieu de 1 500 °C, le manteau se contente ainsi de 1 200 °C pour fondre à l'approche de la surface. La Terre doit donc son volcanisme exceptionnel à la présence d'un peu d'eau dans ses entrailles.

Est-ce toute la roche qui fond ?

Non, car la roche du manteau n'est pas un corps simple : c'est un mélange de minéraux variés qui fondent tous à des températures et à des pressions différentes ! Les minéraux les plus fusibles vont fondre en premier, suivis par d'autres à mesure que l'ensemble monte vers la surface et décompresse. Des gouttelettes de fonte apparaissent sur le pourtour des cristaux les plus fragiles, la roche donnant l'impression de suer. Les gouttes chaudes vont se rassembler en chapelets, puis en veinules de magma circulant entre les cristaux et le long des fractures, tissant un réseau qui n'est pas sans rappeler les vaisseaux sanguins du corps humain.

Plus la roche innervée de magma monte vers la surface et ressent la baisse de pression, et plus le processus s'emballe, la fonte s'étendant à des minéraux de plus en plus coriaces (les géologues disent *réfractaires*). Les veinules de magma se rassemblent en veines de plus en plus larges. Le ballon ascendant de roche chaude ressemble ainsi à une orange gorgée de jus.

Quel est le pourcentage de fonte ?

Pour les panaches de roche chaude, qui montent des profondeurs et se mettent à fondre vers 100 kilomètres de profondeur où la pression est encore importante, le pourcentage de fonte n'est pas fameux : environ 5 % de jus. Ce sont essentiellement les minéraux les plus fusibles qui forment ce magma : il est riche en eau, ainsi qu'en éléments qui se sentaient à l'étroit dans les cristaux de la roche et qui ont sauté sur l'occasion pour leur fausser compagnie. Ce magma est dit *alcalin* parce qu'il concentre de la sorte des métaux fusibles comme le sodium et le potassium.

Là où les courants de convection font remonter la roche chaude plus près de la surface — à quelques kilomètres de profondeur seulement, ce qui est le cas sous les rifts océaniques —, la baisse de pression beaucoup plus importante va étendre la fonte à plus de 20 % de la roche. Calcium, fer et magnésium vont se joindre aux alcalins et les diluer pour constituer un liquide plus complet, que les géologues qualifient de *tholéiitique* — un nom imprononçable qui fait référence au village de Tholei en Allemagne où ces laves furent étudiées pour la première fois.

Jusqu'où monte le magma ?

Une fois le magma extrait de la roche source, il va naturellement migrer vers la surface. De nouveau, c'est une conséquence de la poussée d'Archimède : la densité du magma est d'environ 2,9 grammes par centimètre cube, contre 3,3 pour le manteau solide dont il est issu. Cette différence d'environ 10 % va le faire s'élever comme l'huile dans une vinaigrette. Cette montée sera facilitée si le fluide trouve des voies d'accès, et c'est pour cette raison que le volcanisme est concentré dans les régions d'extension de la croûte terrestre, où les fissures sont nombreuses.

Cela étant, cette ascension s'arrête lorsque le magma atteint des couches de roche moins denses, proches de la surface, là où la poussée d'Archimède ne joue plus. Le magma a tendance à stagner à ce niveau, généralement à la base de la croûte terrestre, à 20 ou 30 kilomètres de profondeur. Il va s'y étendre, remplir les fissures, et former ce que les volcanologues appellent des *chambres magmatiques*.

Qu'est-ce qu'une chambre magmatique ?

Une chambre magmatique est une grosse lentille de roche à moitié fondue, de plusieurs kilomètres de large sur plusieurs kilomètres d'épaisseur. Cela étant, il ne s'agit pas d'une « gourde », mais plutôt d'une « éponge » mi-solide, mi-liquide : on retrouve l'analogie d'une orange gorgée de jus, ou d'une ruche à miel. Lors d'une éruption importante, si tout le magma est expulsé de ce compartiment alvéolé, la chambre aura tendance à s'écraser sous le poids des roches sus-jacentes. Ce tassement se fera ressentir au niveau du sol qui s'affaissera en une cuvette circulaire au-dessus de la chambre vidée : une *caldeira* ou « chaudron » en portugais.

Avant de faire éruption, le magma va généralement marquer une pause dans cette chambre magmatique et s'y refroidir. Il va se solidifier par degrés, à commencer par les métaux réfractaires comme le chrome, le fer et le magnésium qui vont se figer en cristaux. Ces denses « flocons » vont sombrer pour s'amasser au fond de la chambre en un plancher minéral. D'autres cristaux à base d'aluminium et de calcium, plus légers, vont au contraire flotter pour se coller au plafond de la chambre. Le liquide résiduel au milieu va s'enrichir en éléments fusibles et en gaz dissous. Si une fissure s'ouvre alors vers la surface, c'est ce liquide « évolué » qui fera éruption, très différent du magma initial.

On peut donc comparer les chambres magmatiques à de véritables distilleries : selon la nature du magma original et le temps dont il dispose pour se décanter, on obtient toutes sortes de laves au fil des éruptions. C'est ce qui fait toute la beauté et la diversité du volcanisme terrestre.

Le magma fait-il toujours éruption ?

Non. Dans de nombreux cas, le magma cristallise entièrement en profondeur, dans les chambres et les fissures qu'il a investies, sans jamais atteindre la surface. Il se refroidit lentement dans son cocon de roches isolantes, ce qui laisse le temps à ses cristaux de grandir tranquillement et de former des roches à gros grains que l'on qualifie de *plutoniques*, puisqu'elles se sont formées chez Pluton, le dieu du monde souterrain. Lorsque les mouvements de la croûte terrestre et l'érosion les découvrent en surface, on peut admirer leur mosaïque de gros cristaux imbriqués les uns dans les autres. C'est notamment l'origine du granite, aux tablettes rectangulaires de feldspath rose ou nacré, saupoudrés de bâtons d'amphibole sombre, de scintillants micas et de grains de quartz à l'éclat vitreux.

Occasionnellement, les géologues ont même la chance de tomber sur une chambre magmatique tout entière, déchaussée par l'érosion, où ils découvrent le litage de toutes les couches superposées et la trace des courants de convection qui ont brassé la chambre avant de se figer en belles arabesques minérales. On voit aussi dans ces chambres « fossiles » des pans de couleur différente, emballés dans la roche principale comme des fruits dans un cake. Ce sont des morceaux de la paroi de la chambre — la roche encaissante — qui se sont effondrés dans le magma et n'ont pas eu le temps de s'y fondre, ou bien un nouvel arrivage de magma venu des profondeurs, d'une composition différente, qui n'a pas eu le temps non plus de se mélanger à la pâte déjà en place.

Peut-on prévoir une éruption ?

Prévoir les éruptions volcaniques est un art difficile. Les volcanologues disposent de trois principales pistes : « renifler » les gaz qui montent à travers la croûte terrestre, en provenance du magma; mesurer la déformation du sol lorsque ce magma parvient dans la chambre du volcan et la gonfle; et enfin « écouter » les vibrations sismiques lorsque le magma quitte la chambre pour la dernière étape de son parcours vers la surface.

Les gaz qui signalent un arrivage de magma frais à proximité de la surface sont le gaz carbonique, le dioxyde de soufre, ainsi que l'hélium et le radon – ce dernier étant facile à repérer en vertu de sa radioactivité.

Le gonflement du volcan est enregistré par des inclinomètres – sortes de « niveaux à bulles » qui mesurent les subtils changements de pente de l'édifice. Ils mesurent des déformations de l'ordre du microradian, soit quelques centimètres de soulèvement ou d'affaissement sur plusieurs kilomètres de base. Un gonflement trahit le remplissage de la chambre magmatique, et un dégonflement la mise en route du magma dans la plomberie souterraine vers les points de sortie.

Une fois le magma en route vers la surface, une rafale de petits séismes indique l'ouverture des fissures et le ballottement du magma contre leurs parois – secousses repérées par des sismomètres. On les appelle *tremors* (« frémissements ») et leur fréquence est de l'ordre de 1 Hertz, c'est-à-dire d'une pulsation par seconde.

Après ces signes précurseurs, le temps qui reste avant l'éruption dépend de la vitesse de remontée du magma. Elle est assez lente dans le cas des magmas les plus visqueux, qui sont aussi les plus explosifs et les plus dangereux, ce qui donne un préavis de plusieurs jours à plusieurs semaines. Pour les magmas fluides comme le basalte, la vitesse d'ascension est beaucoup plus rapide, de l'ordre d'un mètre par seconde (3 à 4 km/h), ce qui donne un préavis de quelques heures à quelques dizaines de minutes seulement.

Comment une éruption se déclenche-t-elle ?

Les volcanologues estiment que 90 % du magma créé en profondeur n'atteint jamais la surface et se fige dans les chambres et les fractures souterraines. Dans 10 % des cas, toutefois, les conditions sont propices pour que le magma franchisse le dernier échelon et débouche à l'air libre ou sous la mer : on assiste alors à une éruption volcanique.

Ce phénomène se déroule parfois de façon très directe, lorsque le magma issu du manteau terrestre possède une telle force ascensionnelle qu'il ne marque aucune pause, ne stationne dans aucune chambre en cours de route et débouche directement en surface. C'est le cas notamment à l'Etna en Sicile.

Plus souvent, c'est une chambre magmatique proche de la surface qui accouche d'une éruption. À force de la remplir, le magma y exerce une pression de plus en plus forte, bombe son toit, fracture ses parois. Ses gaz sortent de solution sous forme de bulles et exercent une pression supplémentaire, propulsant une « mousse de magma » dans les fissures jusqu'en surface : l'éruption commence.

Les magmas basaltiques contiennent 0,1 à 1 % de gaz dissous, ce qui est suffisant pour faire jouer aux bulles un rôle important dans cette propulsion finale. C'est surtout notable au début de l'éruption, car les gaz se concentrent en haut de la colonne de magma. En se détendant violemment à l'approche de la surface, ils impriment au mélange des vitesses de l'ordre de 100 mètres par seconde (360 km/h). Dans un vrombissement de moteur à réaction, le magma jaillit de la bouche éruptive en une fontaine de fragments incandescents qui atteint souvent plusieurs centaines de mètres de hauteur. Parce qu'elles sont fréquentes à Hawaï, on qualifie ces fontaines de lave d'éruptions *hawaïennes* !

À mesure que l'éruption progresse, la teneur en gaz diminue : il a été évacué dans les premiers volumes éjectés. Les fontaines de lave baissent en hauteur et en intensité. En deçà d'une certaine concentration, le magma ne jaillit plus en fontaine : il s'écoule paisiblement hors de la bouche éruptive.

La plus haute fontaine de lave

Le record de la plus haute fontaine de lave appartient au volcan Izu-Oshima au Japon, dont la colonne éruptive a atteint 1 500 mètres de hauteur au-dessus du cratère – *cinq fois la hauteur de la Tour Eiffel* – lors d'une éruption en 1986.

Pourquoi un cratère central ?

Le magma monte par des fissures, c'est-à-dire des plans à deux dimensions qui recoupent la surface du sol en une ligne, et non en un point. Ce n'est donc pas une fontaine ponctuelle qui jaillit au début des éruptions fluides, mais un rideau de magma qui peut mesurer plusieurs kilomètres de base.

Au fil du temps, toutefois, le débit de l'éruption va diminuer et certains segments de la fissure, notamment les moins larges, vont s'étouffer, parce que la tranche plus fine de magma se refroidit plus vite contre les parois et ressent plus de friction qu'ailleurs. Le rideau de feu va donc se fractionner en un chapelet de points éruptifs, pour souvent se restreindre au bout d'un moment à un seul point de sortie, où le conduit est le plus large : alors pourra-t-on parler de « cheminée » plutôt que de fissure, son axe débouchant sur un cratère central.

Souvent, l'emplacement de cette sortie privilégiée est dicté par l'intersection de deux ou trois plans de faille, qui délimitent l'axe central. Ainsi, les cratères de l'Etna sont situés à l'intersection de grandes fractures du socle, d'orientation nord nord-ouest — sud sud-est, et ouest nord-ouest — est sud-est.

Pourquoi un fonctionnement intermittent ?

Les volcans fonctionnent rarement en continu, mais connaissent plutôt des spasmes éruptifs, séparés par des phases de repos. Ce fonctionnement par saccades reflète la montée du magma en « ballons » distincts à travers la croûte terrestre, plutôt que sous la forme d'un filet continu.

En outre, lorsqu'il est stocké dans la chambre sous le cratère, le magma ne se met en branle vers la surface que lorsqu'une pression critique est dépassée. Après une éruption, il faut du temps pour que le remplissage du réservoir atteigne de nouveau ce seuil critique. Selon la vitesse de remplissage, l'intervalle entre deux éruptions peut être de quelques années seulement dans le cas d'un basalte fluide, comme à Hawaï, ou de plusieurs siècles dans le cas d'un magma visqueux et lent, comme à la montagne Pelée.

Un type particulier de fonctionnement intermittent est l'éruption *strombolienne*. Elle doit son nom au volcan Stromboli dans les Îles Éoliennes, au nord de la Sicile. Sa particularité est de faire éruption toutes les quelques dizaines de minutes, en projetant des salves de scories rougeoyantes au-dessus de son cratère. On explique ce comportement par une colonne de magma qui monte lentement dans une étroite cheminée centrale. Les bulles de gaz qui s'y trouvent ont tendance à monter plus vite que le magma lui-même. Les grosses bulles rattrapent et avalent les petites, jusqu'à former le long du conduit un nombre limité de très grosses bulles qui gonflent à mesure qu'elles s'approchent de la surface.

C'est l'éclatement d'une telle bulle de gaz au sommet de la colonne de magma — tel un rot géant —, qui propulse les scories incandescentes au-dessus du cratère. Suit alors une période de calme, dans l'attente de la prochaine bulle qui monte dans le conduit.

Qu'est-ce qui rend un volcan explosif ?

Éruptions hawaïennes et stromboliennes sont symptomatiques de volcans au magma fluide et basaltique, et au taux de gaz modeste (0,1 à 1 %). Toutefois, il existe des environnements où le taux de vapeur d'eau et de gaz carbonique dans le magma est beaucoup plus élevé, de l'ordre de 4 à 5 %, ce qui rend les éruptions explosives. C'est le cas à l'aplomb des *fosses de subduction*, là où une plaque océanique fléchit et s'enfonce dans le manteau terrestre pour s'y refondre, notamment sur les marges du Pacifique, où les archipels de volcans explosifs constituent la célèbre « ceinture de feu ».

Cette richesse en gaz est due au fait que la croûte océanique, qui sombre dans le manteau terrestre, est gorgée d'eau infiltrée dans les roches du fond marin, ainsi que de dioxyde de carbone contenu dans les sédiments calcaires. Cette abondance de fluides a trois effets. D'une part, elle abaisse le point de fusion des roches, comme on l'a vu, rendant possible la genèse de magma. Elle influe d'autre part sur la composition même du magma, la rendant siliceuse et visqueuse. Enfin, elle s'exprime en une abondance de bulles à l'approche de la surface, qui pulvérisent le magma en une trombe de particules. Celles-ci montent en une colonne de « cendres » plusieurs kilomètres au-dessus du volcan, une éruption qualifiée de *plinienne* en référence à la description par Pline le Jeune de l'éruption du Vésuve en 79 après J.-C.

Le premier danger de ces éruptions pliniennes est l'abondance de cendres — centimétriques à millimétriques — qui pleuvent du ciel, rendant l'air irrespirable, souillant pâturages et cultures, et s'entassant sur le toit des maisons au point de les faire s'effondrer.

Le second danger de ce type d'éruption est l'effondrement de la colonne éruptive sous son propre poids, lorsque le débit de l'éruption s'emballe et que l'atmosphère devient saturée de particules. Il s'ensuit une avalanche de cendres chaudes sur les flancs du volcan. Appelées coulées pyroclastiques ou *nuées ardentes*, ces déferlantes de matière brûlante empruntent les vallées à des vitesses qui dépassent souvent 100 km/h, semant la mort autant par la violence du souffle que par la température qui peut atteindre 300 à 400 °C. Ce fut le cas à Saint-Pierre de la Martinique en 1902, lorsqu'une nuée ardente, expulsée de la montagne Pelée, rasa la ville et fit 29 000 morts.

L'éruption du Vésuve

L'éruption du Vésuve, en 79 après J.-C., est tristement célèbre pour sa destruction des villes romaines d'Herculanum et de Pompéi. C'est aussi la première description historique d'une éruption explosive : Pline le Jeune la décrivit dans une lettre restée célèbre. Moins chanceux fut son oncle Pline l'Ancien qui débarqua au pied du volcan pour observer l'éruption de plus près : il mourut suffoqué par les gaz.

À Pompéi, sous le vent du volcan, la majorité des habitants eut le temps de s'enfuir, mais les quelque 2 000 traînards, pillards et esclaves assignés à domicile furent étouffés et ensevelis sous sept mètres de cendres. Quant aux habitants d'Herculanum, réfugiés dans des grottes en bord de mer, ils furent massacrés par une nuée ardente de cendres chaudes qui dévala les flancs du volcan.

Il arrive aussi que le flanc d'un volcan, gonflé par les gaz et le magma, connaisse un glissement de terrain. Le cœur magmatique de l'édifice, mis à nu, se détend violemment sous l'expansion instantanée des gaz, et la décharge latérale — un *blast* — ravage le paysage dans l'axe de l'avalanche. C'est ainsi que s'est comporté le mont Saint Helens aux États-Unis, lorsqu'un séisme au sein de l'édifice fit s'effondrer le versant nord du volcan, le matin du 18 mai 1980. Le souffle de cendres brûlantes jaillit à la vitesse de 350 km/h pour atteindre en quelques secondes une vitesse quasi supersonique de 1 100 km/h, couchant et calcinant la forêt sur une surface de 600 kilomètres carrés.

Quelles sont les éruptions les plus meurtrières ?

Le potentiel destructeur d'un volcan dépend de plusieurs facteurs : la violence de son éruption, c'est-à-dire l'énergie relâchée; son couplage éventuel avec l'eau qui peut déclencher des coulée de boue dans les vallées ou des raz de marée dans les océans; et à plus long terme la toxicité des gaz, l'étouffement des cultures sous les cendres, la pollution de l'eau et les famines et épidémies qui résultent de ces conditions insalubres. Dernier paramètre, mais pas le moindre : la proximité de zones densément peuplées. Certaines des éruptions les plus violentes du siècle, comme celle du Katmaï en Alaska en 1912 ou du Bezymianny au Kamchatka en 1956, n'ont pas causé de victimes parce qu'elles se sont produites dans des régions désertes.

L'énergie relâchée par une éruption est proportionnelle à la quantité de magma émise et à sa teneur en gaz qui la propulse et la disperse. Ce sont donc dans les zones de subduction, où vapeur d'eau et gaz carbonique sont abondants, que l'on enregistre les éruptions les plus violentes et les plus meurtrières.

Heureusement, les quantités de magma émises sont généralement modestes : seulement une éruption tous les dix ans en moyenne atteint ou dépasse le kilomètre cube. Ce fut le cas du mont Saint Helens aux États-Unis (1980), avec un kilomètre cube de magma émis, et du Pinatubo dans les Philippines (1991), avec cinq kilomètres cubes. Le premier ne fit qu'une cinquantaine de victimes car la région, déjà peu peuplée, fut presque entièrement évacuée avant l'éruption. Au Pinatubo, on ne déplora qu'un millier de victimes, malgré la densité de la population, en raison également d'une évacuation bien menée.

En revanche, des éruptions moins volumineuses, comme celles de la montagne Pelée en Martinique (1902) et du Nevado del Ruiz en Colombie (1985) — moins d'un kilomètre cube de magma chacun —, ont fait dans les deux cas près de 30 000 victimes, parce que le péril n'avait pas été apprécié à sa juste valeur et que la population était restée sur place.

Quelle est la fréquence des grandes éruptions ?

Rares sont les éruptions de l'ordre de 10 kilomètres cubes. Elles n'ont lieu en moyenne qu'une fois par siècle, mais elles sont particulièrement destructrices, voire catastrophiques si elles affectent une zone densément peuplée. Celle du vingtième siècle, au Katmaï en Alaska (1912), affecta une région déserte — aucune victime n'est à déplorer —, mais recouvrit le paysage d'un linceul de cendres chaudes, au point où le site fut baptisé « la vallée des dix mille fumées ».

D'une magnitude équivalente (18 km^3), l'éruption du Krakatoa au siècle précédent (1883) volatilisa une île déserte du détroit de la Sonde entre Java et Sumatra. Outre des nuées ardentes qui glissèrent sur l'eau et traversèrent le détroit pour toucher les côtes de Java, l'éruption déclencha un tsunami dévastateur qui fit 36 000 victimes.

Quant aux éruptions de l'ordre de 100 kilomètres cubes, elles ont lieu en moyenne une fois par millénaire, la dernière en date étant celle du Tambora en Indonésie, en 1815. L'éruption décapita le volcan, causa elle aussi un raz de marée responsable de 30 000 victimes, et couvrit les îles voisines de cendres, détruisant les récoltes et contaminant l'eau potable, au point où la famine et les épidémies — typhus et choléra — firent grimper le bilan à 92 000 morts. On estime que le volume de magma émis par le Tambora, principalement sous forme de cendres, dépassa 150 km^3, ce qui en fait sans doute la plus grande éruption, et la plus meurtrière, des temps historiques.

À l'heure de faire les bilans, et en se limitant aux trois derniers siècles pour lesquels on dispose d'informations fiables, on estime que plus de 250 000 victimes ont succombé à des éruptions volcaniques, dont 90 000 en raison des famines associées, 60 000 sous les nuées ardentes, 54 000 à cause des tsunamis, 50 000 sous les coulées de boue, et 2 000 sous l'emprise des gaz. On remarquera que les coulées de lave, si elles détruisent les habitations, font rarement des victimes, en raison de leur lenteur.

Santorin : l'éruption la plus mythique

Parmi les éruptions les plus violentes de l'histoire, celle du Santorin en mer Égée, aux alentours de 1628 avant J.-C., a une dimension mythique. Dans les faits, une partie de l'île volcanique de Thera-Santorin a littéralement explosé, son éruption amplifiée par l'infiltration de l'eau de mer dans la chambre magmatique. Près de 30 kilomètres cubes de magma furent expulsés, creusant une dépression en fer à cheval au milieu de l'île, envahie par une mer profonde de 400 mètres par endroits. Un raz-de-marée gigantesque a déferlé sur la Méditerranée orientale, la vague ayant dû atteindre 200 mètres de hauteur : c'est en effet à cette altitude que sont juchés des niveaux de pierre ponce « flottée » dans les îles voisines. La Crête, à 110 km de distance, fut certainement très affectée.

La civilisation Minoenne, basée en Crête, dominait la Méditerranée à l'époque, et son déclin est attribué par certains historiens à cette éruption paroxysmale du Santorin. Le raz-de-marée aurait notamment détruit Cnossos, son port principal. Cet impact est sans doute exagéré, la civilisation Minoenne ayant commencé son déclin quelques décennies auparavant.

Dans la même veine, certains historiens associent l'effondrement de Santorin au mythe de l'Atlantide que relate Platon : celui d'une civilisation florissante qui aurait soudainement disparu sous les flots. Si les dimensions de l'Atlantide – il est question d'un continent – cadrent mal avec la petite taille de l'île de Santorin, ou même de la Crête, on peut toutefois arguer que l'histoire a été embellie, et qu'elle relate la destruction de la civilisation Minoenne et du port de Cnossos par le raz-de-marée.

On associe également l'éruption du Santorin aux sept plaies d'Égypte décrites dans l'Ancien Testament, qui ont mené au départ des Hébreux vers la Terre promise. On peut attribuer l'obscurcissement du ciel au nuage éruptif qui a sans nul doute assombri l'Égypte, 800 km au Sud-est. Quant au partage des eaux par Moïse, il ferait référence au tsunami déclenché par l'éruption : un retrait des eaux durant plusieurs minutes, suivi par le retour d'une vague monstrueuse.

Quelle est la plus grosse éruption possible ?

L'éruption du Tambora en 1815 reste la plus puissante des temps historiques : 150 kilomètres cubes de cendres ont été éjectés en 24 heures avec une énergie estimée à 100 000 mégatonnes de TNT, soit cinq millions de fois la bombe d'Hiroshima. Mais ce n'est nullement une limite. Des éruptions dix fois plus violentes et plus volumineuses — de l'ordre de 1 000 kilomètres cubes de cendres — ont lieu tous les 100 000 ans en moyenne. Notre civilisation n'a jamais essuyé une éruption de cette ampleur, mais en remontant dans les temps préhistoriques, l'espèce humaine a peut-être subi les effets de la dernière en date : celle du Toba dans l'île de Sumatra, il y a 74 000 ans. L'éruption a émis 1 500 km^3 de cendres, soit le volume du massif du Mont Blanc. D'après les modèles de l'évolution humaine, basés sur notre variance génétique, les anthropologues pensent qu'*Homo sapiens* a vu sa population fortement diminuer à cette époque. Certains chercheurs font le lien avec l'éruption volcanique qui aurait, à leurs dires, entraîné une grave crise du climat.

De telles éruptions ont un cadre et un mécanisme particuliers, bien différents de ceux des volcans ordinaires. Elles résultent d'une accumulation de magma siliceux et riche en gaz dans la croûte continentale, sous la forme d'une gigantesque lentille souterraine. De telles chambres magmatiques peuvent atteindre des milliers de kilomètres cubes, quelques kilomètres seulement sous la surface du sol. Elles s'expriment en surface par un subtil gonflement du terrain — un vaste dôme — encerclé de failles concentriques qui délimitent le pourtour du système et s'ornent souvent de petits volcans auxiliaires.

Lorsque le système atteint un seuil de gonflement critique, les fissures périphériques relâchent ces milliers de kilomètres cubes de magma en immenses colonnes de cendres, le dôme central s'effondrant en écrasant la chambre à mesure qu'elle se vide, comme un gigantesque soufflet. Le paysage alentours se recouvre d'une épaisse nappe de cendres brûlantes, et un linceul de poussières retombe à des centaines de kilomètres à la ronde. La partie centrale se trouve alors dégonflée en une cuvette d'effondrement : une caldeira géante.

Puis, au fil des millénaires, du magma frais monte de nouveau envahir la chambre et la regonfler, faisant resurgir un relief en forme de dôme au centre du système. Au bout de quelques centaines de milliers d'années, le « supervolcan » est mûr pour éclater de nouveau.

Où se trouvent les « supervolcans » ?

On trouve un grand nombre de « supervolcans », appelés *caldeiras résurgentes* par les spécialistes, à l'arrière des fosses de subduction, assez loin à l'intérieur des terres, tout au long des Amériques, de l'Alaska au Chili en passant par la Californie, le Mexique et l'Amérique Centrale.

L'une des plus célèbres est la caldeira de Yellowstone aux États-Unis, qui a fait sa dernière éruption massive il y a 600 000 ans (1 000 km^3 de cendres), et dont les geysers et autres sources chaudes soulignent l'activité persistante.

L'une des plus inquiétantes est celle de Long Valley en Californie, en bordure de la Sierra Nevada. Sa dernière éruption cataclysmique remonte à 760 000 ans, et les séismes et relevés de température font craindre qu'une nouvelle éruption soit en train de se préparer dans la chambre, à une quinzaine de kilomètres de profondeur. Aucune grande métropole n'est menacée par les déferlements de cendres chaudes — Los Angeles et San Francisco sont distants de 500 km —, mais Long Valley est une région touristique qui abrite plusieurs villages et stations de sports d'hiver : rares sont les touristes et même les autochtones qui savent qu'ils skient et habitent sur un tel monstre endormi.

On atteint avec ces supervolcans la taille limite des éruptions cataclysmiques, dictée par le volume maximal qu'atteignent sur Terre les chambres magmatiques. Le record appartient à la caldeira résurgente de La Garita aux États-Unis, qui a expulsé 5 000 km^3 de cendres, il y a 28 millions d'années. Un tel volume recouvrirait la France entière d'un manteau de cendres de dix mètres d'épaisseur…

Les volcans perturbent-ils le climat ?

En relâchant des gaz et des poussières minérales dans l'atmosphère, les grandes éruptions volcaniques ont une influence notoire sur le climat. Le premier homme de science à s'en rendre compte fut l'Américain Benjamin Franklin en 1784, alors qu'il était ambassadeur à Paris. Il était au courant qu'une éruption d'une rare intensité venait d'avoir lieu l'été précédent sur la fissure du Laki en Islande. De gigantesques fontaines de lave, hautes d'un kilomètre, avaient propulsé des cendres basaltiques jusque dans la stratosphère, ainsi qu'une quantité considérable de gaz : dioxyde de carbone, dioxyde de soufre, mais aussi du chlore et du brome. Sur place, la population islandaise fut d'ailleurs décimée par la famine, cendres et gaz toxiques empoisonnant le bétail.

Les vents stratosphériques portèrent la fraction la plus fine des cendres, ainsi que des cristaux d'acide sulfurique, au-dessus de l'Europe continentale où un voile bleuté fut observé au-dessus des Alpes. Benjamin Franklin rendit ce voile responsable, par son atténuation de la lumière solaire, du climat particulièrement rigoureux qui sévit durant l'hiver 1783-1784.

Volcan et révolution française

L'éruption du Laki en Islande, en 1783, éjecta une grande quantité de gaz et de poussières dans l'atmosphère. La détérioration résultante du climat affecta les récoltes en Europe du Nord et instaura une famine et un mécontentement qui ne furent pas étrangers au déclenchement de la Révolution française. Comme quoi les volcans ont aussi leur mot à dire en politique.

Depuis qu'ils étudient les archives historiques, volcanologues et climatologues montrent la relation temporelle, et sans doute causale, d'autres éruptions et désordres climatiques dans le passé. Les Chinois mentionnent des sécheresses et des coups de froid à des dates qui coïncident avec les grandes éruptions du Santorin (1628 avant J.-C.) et de l'Etna (44 avant J.-C.).

Mais c'est surtout à partir du XIXe et du XXe siècles que la multiplicité des stations météo autour du globe et la mesure directe des émissions de gaz et de cendres volcaniques nous ont permis de chiffrer l'impact des volcans sur le climat.

Quelle est l'ampleur du refroidissement ?

L'éruption du Tambora, les 10 et 11 avril 1815, qui fut la plus importante du millénaire, a ainsi entraîné une baisse de la température mondiale. Elle fut estimée à 2 kelvins (2 °C) au niveau de la Nouvelle-Angleterre, dans le Nord-est des États-Unis. L'année 1816 fut d'ailleurs connue des Américains comme « l'année sans été » : il neigea sur la Nouvelle-Angleterre en plein mois de juillet.

L'éruption du Krakatoa en 1883 entraîna également une baisse de la température mondiale, en proportion avec son intensité moindre (18 kilomètres cubes de cendres, contre 150 pour le Tambora). Cette baisse globale fut estimée à 0,3 K (0,3 °C) la première année, et perdura trois ou quatre ans. De même, c'est un refroidissement de 0,3 K qui fut constaté à la suite de l'éruption du Pinatubo aux Philippines en 1991, une éruption moins volumineuse mais plus riche en gaz sulfureux.

C'est en effet le dioxyde de soufre qui est principalement responsable du refroidissement. Il se mélange à la vapeur d'eau et à la poussière pour engendrer de petits cristaux d'acide sulfurique en altitude, qui réfléchissent et diffusent la lumière solaire. Ce voile fait chuter la température, tant que les cristaux restent en suspension dans la stratosphère. Leur concentration a tendance à diminuer de moitié au bout d'une année, de sorte qu'au bout de deux ans il n'en reste que 25 %, et au bout de trois ans guère plus de 10 %. Le refroidissement climatique dû à une éruption est donc surtout ressenti sur les deux ou trois premières années.

Les volcans ont-ils tué les dinosaures ?

Les grandes éruptions de « supervolcans », comme il en arrive tous les 100 000 ans, propulsent 10 à 30 fois plus de gaz et de poussières dans l'atmosphère que le Tambora, et on pourrait s'attendre à ce que le refroidissement mondial dépasse une dizaine de degrés. C'est possible, mais nous n'en avons pas la preuve. Au contraire, certains chercheurs avancent que pour de telles concentrations de gaz et de poussière, gouttelettes et cristaux coagulent en particules plus grosses et retombent plus rapidement au sol, de sorte qu'il y aurait une limite au pouvoir de nuisance des grandes éruptions.

D'autres chercheurs posent la question de savoir ce qui se passe lorsque l'activité volcanique de la planète s'emballe plusieurs millénaires d'affilée, comme c'est le cas tous les 50 ou 100 millions d'années, avec la mise en place d'immenses champs de lave appelés « Grandes provinces volcaniques » ou *trapps*, un mot qui signifie « escalier » en scandinave, car l'empilement des coulées prend la forme d'un escalier aux multiples marches. Ainsi, la relation a été faite entre l'éruption des trapps du Deccan en Inde et l'extinction des dinosaures : tous deux ont eu lieu à la fin du Crétacé, il y a 65 millions d'années.

Il est vrai que les trapps sont de volumineuses éruptions de basalte, étalées sur de longues périodes. Ceux du Deccan résultent d'un panache de type « point chaud » sous l'océan Indien et leurs laves recouvrent une superficie quatre fois supérieure à la France. Leur volume représente un à deux millions de kilomètres cubes, soit mille fois le volume émis par un supervolcan de type Yellowstone ou Long Valley.

Il faut toutefois noter que les trapps du Deccan se sont mis en place en un million d'années environ, ce qui représente deux kilomètres cubes de lave par an. Ils n'ont donc augmenté que d'un tiers le débit volcanique total de la Terre, qui est normalement de quatre kilomètres cubes de lave par an, ce qui n'est pas catastrophique. Même si ce débit fut concentré en une succession de grandes éruptions — par exemple 1 000 km^3 par épisode —, séparées par des phases de repos de l'ordre du millénaire, la crise climatique de chaque événement aurait été comparable à celles des éruptions de type Yellowstone ou Long Valley, pour lesquelles on ne remarque pas de massacre des espèces vivantes.

On voit que pour de telles éruptions, le péril pour la biosphère est loin d'être évident. D'ailleurs, les sédiments de l'époque des dinosaures ne portent pas le signe d'une glaciation ou d'un dérèglement majeur du climat à la fin du Crétacé, qui serait imputable au volcanisme du Deccan. La majorité des chercheurs est plutôt convaincue que la mort des dinosaures est due à l'impact d'un astéroïde, dont on a retrouvé les traces.

Ce que les dinosaures pensent des volcans

On peut demander aux dinosaures eux-mêmes comment ils ont vécu les éruptions du Deccan, sur place en Inde. On y trouve en effet, entre les couches de lave, des accumulations de sédiments qui prouvent qu'il y a eu de longues

accalmies entre les éruptions. Mais surtout, ces sédiments contiennent des fossiles de dinosaures et d'œufs de dinosaures par milliers !

Or, l'Inde était une île à l'époque – elle n'avait pas encore embouti l'Asie –, de sorte que les dinosaures étaient condamnés à vivre sur les lieux mêmes des éruptions. Apparemment, ils se portaient très bien, survivant et se reproduisant durant les centaines de milliers d'années qu'ont duré les éruptions. Ce n'est qu'en haut de la pile de laves et de sédiments que l'on ne trouve plus trace des dinosaures indiens, à partir d'un niveau d'argile qui correspond à l'impact d'un astéroïde.

Si les trapps volcaniques du Deccan sont acquittés du massacre des dinosaures, faute de preuves, une autre séquence éruptive de type « trapp » s'est déroulée en Sibérie, il y a 250 millions d'années, qui fut particulièrement explosive. Ces trapps de Sibérie coïncident avec la plus grande extinction biologique de l'histoire de la Terre : celle de la fin du Permien, qui voit 90 % des espèces vivantes marines et terrestres disparaître. Si ces éruptions furent coupables du massacre, qu'avaient-elles donc de spécial ? Leur caractère explosif, qui s'est traduit par une proportion bien plus importante de poussières et de gaz toxiques ? Les recherches vont bon train et les paris restent ouverts…

Les volcans d'Auvergne peuvent-ils se réveiller ?

L'Auvergne est un haut lieu du volcanisme français depuis la création d'un rift continental passant par la Limagne, il y a une trentaine de millions d'années. Le premier grand volcan est celui du Cantal, qui commence à se bâtir il y a 13 millions d'années et s'éteint il y a 2 millions d'années. Un autre complexe volcanique – les monts Dore – prend le relais pour s'éteindre il y a 200 000 ans, après une dernière éruption au puy de Sancy.

Le dernier épisode en date du volcanisme auvergnat est la migration du centre d'activité à proximité de Clermont-Ferrand : une chaîne de petits cônes et dômes – la chaîne des Puys – atteint l'apogée de son activité une première fois, il y a 45 000 à 25 000 ans –, puis il y a 12 000 à 8 000 ans (puy de Côme, puy de Dôme, puy de la Vache). La dernière éruption est celle qui a creusé le cratère du lac Pavin, il y a 7 000 ans.

La trêve actuelle, qui dure depuis 7 000 ans, indique vraisemblablement que ce dernier cycle est terminé. Aucune activité sismique ou magmatique n'indique d'éruption imminente. En tout état de cause, la mise en route d'un filon de magma vers la surface serait détectable plusieurs mois à plusieurs années à l'avance.

Vu la succession de cycles volcaniques en Auvergne depuis 30 millions d'années, il serait remarquable que celle de la chaîne des Puys soit la dernière. Il est tout à fait possible qu'une nouvelle « poussée » de petits dômes et cônes aura lieu le long de ces fractures du socle dans quelques siècles ou milliers d'années, ou qu'une activité entièrement nouvelle prendra naissance dans une autre zone faillée de l'Auvergne, dans un avenir plus lointain.

6

Qu'est-ce qui soulève les montagnes ?

Quelle force soulève les montagnes ? À quelle vitesse s'élèvent-elles ? Quelle altitude record peuvent-elles atteindre ? Comment est né l'Himalaya ? Le Mont-Blanc continue-t-il sa croissance ? Autant de questions qui se posent au vu du formidable relief de la Terre.

Une spécialité terrestre

La Terre se distingue par sa personnalité géologique unique dans le Système Solaire. C'est la planète qui compte le plus grand nombre de volcans actifs, héritage de sa taille et de sa température interne. Mais c'est surtout la planète qui s'orne des plus belles chaînes de montagnes, avec leurs couches plissées en accordéon.

Les reliefs en eux-mêmes ne sont pas rares dans le Système Solaire. Même notre petite et froide Lune en possède, mais ce sont les vestiges de grands impacts d'astéroïdes qui ont comprimé, puis fait rebondir le terrain en hauts remparts circulaires.

Vénus, proche en taille de la Terre, possède bien quelques hautes terres — son point culminant atteint tout de même 11 000 m d'altitude —, mais elles sont rares et n'affichent pas la majesté et les courbes gracieuses de nos chaînes alpines. Quant à Mars, s'il arbore les plus hauts reliefs du Système Solaire (23 000 m pour le volcan Olympus Mons), il s'agit d'amoncellements de laves qui forment de vastes boucliers en pente douce. Il n'y a sur la planète rouge ni chaînes plissées en accordéon, ni crêtes déchiquetées.

La Terre doit le privilège de ses montagnes au morcellement de sa coque rigide en une mosaïque de plaques — les fameuses *plaques tectoniques* — qui sont en mouvement les unes par rapport aux autres. Là où elles se séparent naissent des océans. Et là où elles s'emboutissent, naissent des chaînes de montagnes.

Le plus haut relief n'est pas l'Everest

Les grands reliefs de la Terre ne sont pas tous des montagnes au sens où nous l'entendons, c'est-à-dire des amalgames de roches diverses, redressées en chaînes plissées. Là où le chaud manteau se dilate, bombe la croûte terrestre et y entasse des laves, on obtient aussi du relief. Ces massifs volcaniques se bâtissent au-dessus des « points chauds » du globe, là où des panaches de matière en fusion montent des profondeurs.

Le Kilimandjaro, point culminant de l'Afrique avec ses 5 895 m, est un volcan bâti au-dessus d'un tel panache, tout comme l'est le mont Cameroun. Quant au piton de la Fournaise et au piton des Neiges, dans l'île de la Réunion, s'ils n'atteignent que 2 631 m et 3 069 m respectivement, leur massif volcanique prend racine 4 200 m sous le niveau de la mer, de sorte que le relief total dépasse 7 000 m. À ce jeu-là, si l'Everest est le point culminant de la planète en terme d'*altitude* au-dessus du niveau marin (8 845 m), il ne l'est pas en terme de *relief*, c'est-à-dire de hauteur au-dessus des terrains environnants. Ce privilège revient au volcan Mauna Kea des îles Hawaï, qui culmine 4 206 m au-dessus du niveau marin, c'est-à-dire 10 230 m au-dessus des plaines abyssales du Pacifique, sur lequel le bouclier de basalte s'est édifié. C'est 1 400 mètres plus haut que ne se dresse l'Everest au-dessus des plaines de l'Inde.

D'où viennent les montagnes ?

Volcans mis à part, les véritables chaînes de montagnes, avec leurs couches de roche plissés en accordéon, ont une origine tout à fait particulière qui a longtemps mystifié les chercheurs.

Que dire en effet devant des sédiments marins, contenant coquilles d'huîtres et squelettes de poissons fossilisés, juchés des milliers de mètres au-dessus du niveau de la mer ? La solution la plus simple est d'imaginer que c'est le niveau de la mer qui a fluctué au cours des temps géologiques, déposant des restes d'animaux dans des lieux élevés. L'histoire du Déluge, dans de nombreuses religions et folklores, tire une partie de son inspiration de ces fossiles marins, perchés haut dans les montagnes.

L'autre façon d'expliquer le problème, c'est que ce sont les montagnes elles-mêmes qui se sont soulevées, dressant le fond marin hors des flots. C'est ainsi que l'a compris Léonard de Vinci (1452-1519) qui a exploré les Alpes et constaté que « ce qui était jadis le fond de la mer est devenu le sommet des montagnes ». Mais le plus dur reste à expliquer. Quelle force extraordinaire peut ainsi soulever de tels massifs ? Léonard de Vinci commence par noter combien les couches alpines sont plissées, comme un linge que l'on chiffonne.

Très tôt, les chercheurs comprennent en effet que les chaînes de montagnes sont tassées horizontalement, tout comme elles sont soulevées verticalement. Cette force horizontale transparaît dans le paysage, où les géologues observent non seulement des plissements, mais aussi des couches de roche qui ont glissé les unes sur les autres, se chevauchant et s'intercalant comme deux piles de cartes pressées ensemble. Ces chevauchements témoignent d'une compression, d'un raccourcissement du paysage.

Ce ne fut pas facile à admettre pour des érudits qui n'avaient d'explication à l'époque que pour les forces verticales, comme la pesanteur et la poussée d'Archimède. Que des forces horizontales compriment la croûte terrestre avait quelque chose d'incongru, d'inexplicable. On raconte même qu'un géologue écossais, taraudé par ces chevauchements « contre nature », en avait fait des cauchemars jusqu'à en perdre la raison !

Révolution dans les Alpes

D'autres savants acceptent le verdict du terrain et de leurs observations, même s'ils n'en comprennent pas le mécanisme. Passionné des Alpes — il est l'un des premiers hommes à réussir l'ascension du Mont Blanc —, le naturaliste genevois Horace Bénédict de Saussure (1740-1799) écrit déjà en 1784 que « tout est l'effet de refoulements horizontaux ». La révolution gronde aux portes des Alpes…

Mais il faut encore cent ans pour que les Alpes soient reconnues comme une succession de chevauchements, appelés « nappes » en français, qui se sont empilés. Le Français Marcel Bertrand (1847-1907) propose en 1884 un chevauchement géant qui serait venu du Sud, afin d'expliquer la succession incongrue des roches dans le canton suisse du Glarus. La formule plaît au grand géologue alpin Eduard Suess (1831-1914) qui généralise ce mécanisme à l'ensemble de la chaîne. Reste à découvrir le moteur d'une telle poussée.

La réponse est apportée par le savant allemand Alfred Wegener (1880-1930) dans son livre choc de 1915, *La genèse des continents et des océans*, qui propose une dérive des continents au cours des temps géologiques. Parvenant à mettre la main sur cet ouvrage révolutionnaire et vivement critiqué — faute de proposer un moteur pour ces mouvements —, le Genevois Émile Argand (1879-1940) explique dès 1924 la formation d'une chaîne de montagnes par la collision entre deux continents. Lorsqu'ils se rapprochent, ils écrasent le bassin océanique qui les sépare, serrant et empilant les sédiments marins les uns sur les autres. Argand a besoin de tout son talent de géomètre — il a fait des études d'architecture — pour démêler les couches plissées et imbriquées dans les Alpes.

Étendant cette théorie de l'affrontement intercontinental aux autres chaînes du globe, Argand se penche sur l'Himalaya, qu'il explique en 1924 comme la collision entre l'Inde et l'Asie, l'Inde se glissant en coin sous le continent asiatique pour épaissir et soulever leur zone frontalière.

Ces constructions montagneuses ne sont pas instantanées : elles s'installent dans la durée, les rapprochements continentaux n'opérant qu'à la vitesse de quelques centimètres par an. Albert Einstein lui-même conseille à son compatriote Argand de ne pas oublier ce facteur temps, en plus des trois dimensions spatiales du géomètre. Car c'est bien sûr des dizaines de millions d'années que se joue l'histoire des montagnes, une histoire pleine de rebondissements, au sens propre comme au sens figuré !

La fabuleuse histoire de l'Himalaya

Plus grande chaîne de montagnes du monde, l'Himalaya dresse entre l'Inde et le Tibet une barrière longue de 2 500 kilomètres d'est en ouest, large de quelque 300 kilomètres, et haute par endroits de plus de 8 000 mètres. En traversant la chaîne du Sud vers le Nord — le sens de l'affrontement entre les deux continents —, on monte des plaines du Gange à une première ligne de relief : le Sub-Himalaya. Ses collines luxuriantes et pentues traversent le Népal au sud de Katmandou et dépassent déjà 1 000 m d'altitude.

Puis, après avoir franchi la faille de chevauchement entre deux « écailles » imbriquées, nous voilà dans le Moyen Himalaya qui porte Katmandou et les hauts territoires du Népal, avec des sommets entre 2 000 et 3 000 m, et des flancs toujours luxuriants, tantôt couverts de forêts, tantôt cultivés en terrasses. En montant toujours vers le Nord, on franchit une nouvelle faille de chevauchement pour pénétrer dans le Grand Himalaya, la partie haute de la chaîne avec dix sommets qui dépassent 8 000 mètres. Enfin, à l'arrière de la chaîne s'étale le vaste et haut plateau du Tibet, sur près de 1 500 kilomètres, dont l'altitude moyenne avoisine 5 000 mètres.

Comme l'a pressenti Argand, c'est la dérive des continents qui est à l'origine de ce relief. Il faut remonter près de 200 millions d'années en arrière pour assister à la naissance du phénomène, à une époque où l'arrangement des plaques tectoniques est bien différent de ce qu'il est aujourd'hui. L'Inde n'est pas encore rattaché à l'Asie, mais se trouve des milliers de kilomètres plus au Sud, au-delà d'un vaste océan baptisé *Téthys* par les géologues. L'Inde est soudée à l'Antarctique, à l'Australie et à l'Afrique pour former un vaste continent austral appelé *Gondwana* par les géologues.

Gondwana (ou Gondwanaland) = ensemble de continents austraux (Antarctique, Amérique du Sud, Afrique, Inde et Australie) qui se sont réunis en un bloc unique entre 500 et 200 millions d'années, avant de se séparer. Le Gondwana tire son nom d'une région d'Inde où les géologues ont trouvé des gisements de charbon identiques à ceux d'autres continents austraux, prouvant leur union passée.

C'est lors de l'éclatement de cette mosaïque de continents que l'Inde se sépare de l'Afrique, il y a 130 millions d'années, pour se diriger vers l'Asie. Le rapprochement s'effectue parce que le bassin de la Téthys rétrécit entre les deux continents, sa plaque s'enfonçant dans une fosse sous l'Asie.

Le passage à la trappe du plancher océanique, là où va bientôt naître l'Himalaya, n'est pas simple. Le soubassement de basalte ne demande qu'à sombrer dans le manteau terrestre car il est dense, mais les sédiments charriés sur son dos sont plus légers et refusent de descendre. Ils se décollent de leur support et s'amassent au niveau de la fosse, tout comme les plateaux d'une cantine se télescopent et se chevauchent au bout d'un tapis roulant.

Les sédiments s'entassent au niveau de la fosse pour former de véritables collines sous-marines. Peut-être ont-elles même émergé de l'eau en un chapelet d'îles, comme c'est le cas aujourd'hui des Îles Barbades dans les Antilles. Sur le site de la future Himalaya, un premier prisme de sédiments se bâtit ainsi, à mesure que la Téthys s'enfonce sous l'Asie au rythme de 15 centimètres par an — ce qui est plutôt rapide en géologie. Ce sont en effet des milliers de kilomètres d'océan qui vont être engloutis en quelques dizaines de millions d'années. Mais cette belle mécanique va finir par se gripper, lorsqu'à la suite du plancher océanique, l'imposant continent Indien se présente à son tour devant la fosse de subduction.

L'Inde emboutit l'Asie

Il y a 53 millions d'années environ, l'Inde entre en collision avec l'Asie. Attaché à la dense plaque océanique qui plonge dans la fosse, le continent indien constitué de roches moins denses tente de le suivre, mais il coince comme un bouchon. Le front de la collision grince, poussant l'Inde contre l'Asie avec une vitesse de convergence qui tombe de 15 à 5 centimètres par an devant autant de résistance. Mais c'est encore énorme : tous les 100 000 ans, la zone de collision doit raccourcir de cinq kilomètres pour absorber cette convergence.

Une façon d'opérer ce raccourcissement est d'escamoter des morceaux de croûte les uns sous les autres par un phénomène de chevauchements. Un premier enfoncement du bord de l'Inde s'effectue d'abord sous l'Asie. Lorsque cette langue frontale finit par casser et bloquer la fosse, l'Inde doit plonger désormais en arrière de cet obstacle, ce qui oblige le front de l'action à reculer plusieurs kilomètres vers le Sud. C'est ainsi que l'Himalaya s'est bâti en plusieurs étapes.

La première tranche de croûte indienne à se coincer sous l'Asie, à épaissir et à soulever l'ensemble, est donc celle située aujourd'hui le plus au nord de la chaîne. Mise en place au début de la collision, elle va devenir le Haut Himalaya. Lorsque ce front pénétrant se rompt, il y a environ 35 millions d'années, le bord de l'Inde s'enfonce en une nouvelle tranche sous sa bordure sud, créant le Moyen Himalaya. Puis, il y a 10 millions d'années, nouveau grippage et nouveau recul vers le Sud de la ligne d'affrontement qui soulève la tranche du Sub-Himalaya. Et c'est désormais le long de cette frontière méridionale — appelée Grand Chevauchement Frontal — que l'Inde plonge encore sous l'Asie aujourd'hui.

La chaîne de l'Himalaya s'élève parce que la croûte de son massif s'épaissit, chaque tranche glissée en coin sous la précédente ayant vertu de rehausser l'ensemble. Tous ces mouvements sont parfaitement suivis par des réseaux de sismomètres qui mesurent les inévitables secousses le long des plans de glissement, la convergence de 5 cm par an entre l'Inde et l'Asie n'ayant rien d'une mécanique bien huilée. Le mouvement s'effectue par saccades, des pans de croûte pouvant rester bloqués plusieurs siècles avant de faire un bond de plusieurs mètres, avec libération de l'énergie accumulée en de redoutables tremblements de terre.

Séismes dans les montagnes

Ployant sous l'Himalaya, la croûte de l'Inde s'enfonce par à-coups, glissements saccadés qui sont à l'origine de nombreux tremblements de terre. Au Népal, par exemple, les instruments enregistrent plus de 4 000 séismes par an. Bien que la plupart soient trop petits pour être perçus par l'homme, il arrive que la plaque fasse un bond en avant de plusieurs mètres d'un coup, sur une largeur frontale de plusieurs centaines de kilomètres, et la secousse est alors dévastatrice. Ce fut le cas à Katmandou en 1934, lorsqu'un tiers des maisons furent détruites et plus de 10 000 victimes furent à déplorer. Ces violents séismes ont lieu chaque fois qu'une section de la plaque indienne reste coincée plusieurs siècles sans bouger et accumule de l'énergie.

Pour les géologues, l'emplacement des séismes permet de suivre le tracé des failles en profondeur, sur lesquelles s'effectuent ces glissements. La plupart des séismes ont lieu à moins de 20 km de profondeur sous le Moyen Himalaya. Plus au Nord, sous la haute chaîne et le Tibet, le plan de glissement est plus profond : il affecte des roches plus chaudes et moins rigides qui fluent plastiquement, plutôt que de casser, et les séismes y sont plus rares.

À quelle vitesse poussent les montagnes ?

Tant que des forces sont au travail, serrant deux continents ensemble, la croûte va s'épaissir et croître en altitude, par ajouts successifs « d'écailles » à sa base. Mais en sens inverse, tout terrain qui se dresse se livre à l'érosion, la glace et la pluie se chargeant de raboter les sommets. L'altitude atteinte par les montagnes est donc un subtil équilibre entre la vitesse de soulèvement et celle de l'érosion.

Aujourd'hui, la flexion et l'enfoncement de l'Inde sous l'Asie se poursuivent sous le front méridional du Sub-Himalaya, comme dans le Nanga Parbat au Pakistan. Le relief y est soulevé au rythme d'un centimètre par an. C'est énorme : cette première chaîne de l'avant-pays himalayen devrait monter d'un mètre par siècle, soit 1 000 mètres en 100 000 ans ! Mais les roches soulevées sont de tendres sédiments qui sont dévorés par l'érosion au même rythme qu'ils s'élèvent. Le Sub-Himalaya arrosé par les pluies reste donc modeste et ne dépasse pas 1 500 mètres d'altitude, ce qui est comparable chez nous au Jura.

L'enfoncement de la plaque indienne, qui se prolonge en biais loin sous l'Asie, rehausse également les tranches de croûte empilées dans l'arrière-pays. Le Haut Himalaya continue donc aussi de croître, au rythme d'un demi-centimètre par an. L'érosion joue là aussi son rôle de trouble-fête : elle décape les roches les plus tendres, soulevées en premier, et met à nu par endroits des roches dures comme le granite, qui sont moins attaquées par l'érosion. Ce n'est pas un hasard si les plus hauts sommets de la chaîne, comme l'Everest, sont principalement constitués de granites.

Mais quelle que soit leur résistance, les montagnes ne sauraient monter bien plus haut, car une autre force joue en renfort de l'érosion : il s'agit de la pesanteur ! Les massifs se déforment sous leur propre poids, pour s'étaler et perdre de l'altitude. C'est pourquoi il est difficile sur notre planète pour un massif montagneux de dépasser 9 000 mètres. La masse rocheuse et ses fondations n'ont pas la rigidité suffisante — surtout en profondeur — pour se maintenir plus haut. Les 8 845 mètres de l'Everest constituent le record actuel d'altitude (au-dessus du niveau de la mer) dans cette lutte entre la hausse et l'étalement d'un massif.

Le Tibet prend la tangente !

Derrière l'Himalaya s'étend le haut plateau du Tibet, un empilement encore plus épais de sédiments, qui se sont coincés sous la marge de l'Asie bien avant que l'Inde l'emboutisse. Au fil des millions d'années, la croûte rocheuse du Tibet a ainsi atteint une épaisseur de 80 kilomètres — le double de l'épaisseur moyenne des croûtes continentales —, une obésité qui l'a conduite à s'enfoncer dans le manteau sous l'effet de son propre poids. Soutenu par la poussée d'Archimède, le bloc tibétain se stabilise à un niveau d'équilibre et dresse ses hauts plateaux jusqu'à 5 000 mètres d'altitude, comme un iceberg dresse sa cime au-dessus de la mer.

Le Tibet est un massif géant, mais il n'en ressent pas moins la poussée de l'Inde, dont le front de collision n'est distant que de quelques centaines de kilomètres au Sud. Mais l'immense plateau a trouvé un moyen original d'évacuer la pression. Plutôt que de se raccourcir et de s'élever, le Tibet s'échappe sur les côtés, hors du chemin de la plaque Indienne.

Une telle esquive est rendue possible par le fait que le bloc tibétain possède une porte de sortie vers l'Est : au-delà de son voisin (la Chine du Sud), ce coin de continent débouche en effet sur la mer de Chine et sur une fosse qui accepte les coulissements de plaque dans cette direction. Une grande partie du Tibet chasse donc vers l'Est, tirant parti des grandes failles qui bordent sa structure, comme celle de Kunlun, et aujourd'hui celle de l'Altyn Tagh qui opère tout au nord du plateau. Le déplacement vers l'Est s'y fait au rythme moyen de trois centimètres par an. Ce n'est pas rien : depuis le début de la collision himalayenne, il y a 50 millions d'années, 1 500 kilomètres de glissement ont eu lieu vers l'Est.

Depuis l'espace, les astronautes ont une vue imprenable sur ce titanesque affrontement entre les continents. Derrière la barrière longiligne de l'Himalaya, les images satellites montrent l'étirement du

Tibet qui se déploie vers l'Est en un faisceau de failles et de blocs coulissés.

Tout aussi majestueuse, depuis l'espace, est la chaîne des Alpes. Elle est curviligne, gracieusement arquée autour de Turin et de la plaine du Pô. Sa genèse, comme dans le cas de l'Himalaya, est due à l'affrontement de deux continents.

Comment sont nées les Alpes ?

Les Alpes résultent de la collision de la péninsule italienne — sorte de figure de proue du continent africain — avec le continent européen. Cette convergence a fermé un petit océan au passage, en plissant et en entassant ses sédiments.

Si les géologues en sont arrivés à cette conclusion, c'est que les Alpes regorgent de belles strates rocheuses qui racontent dans le détail leur empilement et leur déformation. Ainsi, il reste des vestiges de l'ancien océan alpin : pas seulement des sédiments, mais aussi des morceaux de croûte basaltique, pris en étau, soulevés et préservés au beau milieu des Alpes — de belles roches vertes appelées *serpentines*. C'est ce genre d'indice qui a mis la puce à l'oreille des pionniers de la géologie alpine, et a révélé qu'un véritable océan existait autrefois sur le site des Alpes.

Imaginez qu'à la place des montagnes, il y a 100 millions d'années, la France, la Suisse et l'Autriche bordent un golfe océanique qui sépare l'Europe de l'Afrique, un peu à l'image de la Méditerranée actuelle. Mais l'Italie se trouve de l'autre côté de l'océan, du côté africain. Dans ce golfe ou « sillon alpin » — prolongement vers l'Ouest de l'océan de la Téthys —, la vie va bon train sous le climat tropical du Crétacé. Poissons et plancton, ammonites et reptiles marins y abondent, et d'épais sédiments se déposent sur le fond marin.

Dans le cas de l'Himalaya, ce fut le déplacement de l'Inde vers l'Asie qui ferma l'océan et érigea la chaîne. Dans le cas des Alpes, c'est une rotation du bloc africain vers l'Europe qui avale le golfe alpin et mène à la collision.

Au cours de ce mouvement de convergence, débuté il y a 100 millions d'années, la plaque de l'océan alpin courbe l'échine et plonge ver le Sud sous l'Italie qui est la « proue » du bloc africain. Centimètre par centimètre, la plaque océanique disparaît dans cette fosse, rapprochant inexorablement l'Europe de l'Italie, de quelques dizaines de mètres par millénaire. Quelques dizaines de kilomètres par million d'années…

Lorsqu'elle finit enfin par disparaître, il y a 50 millions d'années environ, la plaque océanique tente d'engager l'Europe à sa suite dans la fosse sous l'Italie. Mais cette bordure continentale de l'Europe, faite de sédiments légers, a du mal à descendre. Elle est tractée par la plaque océanique qui la précède jusqu'à une centaine de kilomètres de profondeur, avant de rompre et de remonter comme un bouchon.

Comme dans le cas de l'Inde sous l'Himalaya, des tranches de croûte continentale vont ainsi plonger, se bloquer, et rompre tour à tour, le front reculant à chaque fois pour reprendre son plongeon sous la nouvelle section de croûte ajoutée.

L'insertion de nouvelles tranches en profondeur soulève l'ensemble dont l'équilibre est devenu précaire, comme si on forçait des assiettes les unes sous les autres. Certaines vont être pincées hors de la pile, glisser au-dessus d'autres. C'est ce chevauchement impressionnant de couches — un carambolage dirigé de l'Italie vers la France — qui fait la beauté et la complexité des Alpes aujourd'hui.

Ballade dans les Alpes

De nombreux itinéraires permettent de découvrir l'histoire géologique des Alpes. Le col du Chenaillet (Hautes-Alpes), au-dessus du village de Montgenèvre, montre les restes de la croûte océanique dont la grande majorité fut détruite par le rapprochement de l'Afrique et de l'Europe. On y accède à pied depuis le village (1 000 mètres de dénivelé) en suivant le télésiège du Chenaillet jusqu'à un réservoir d'où part un chemin vers la gauche, en direction du Collet Vert. Sur les hauteurs du massif (2 650 m), on admire des parois entières de basalte « en coussin », dont le débit en boules est caractéristique d'une genèse sous-marine. La formation volcanique est vieille de plus de 150 millions d'années.

Plus au Sud de la chaîne, la Réserve Naturelle Géologique de Haute-Provence propose de nombreux sites à découvrir, notamment le long de la route (D900A) entre Digne-les-Bains et Barles. À 4 km au nord de Digne, on peut ainsi admirer un véritable cimetière d'ammonites, vieilles de 200 millions d'années et fossilisées dans le calcaire marin. Plus de 1 500 fossiles de coquilles spiralées y sont visibles, dont certains font la taille de roues de camion ! Plus loin, à 9 km de Digne, on peut admirer le fossile d'un grand reptile marin : un ichtyosaure. Les sites sont marqués par des panneaux explicatifs.

Est-ce que les Alpes se déplacent ?

Cette poussée horizontale est la réponse au mystère des « nappes » qui a tant intrigué les géologues alpins. Ces ensembles rocheux de plusieurs kilomètres d'épaisseur, souvent de la taille d'un canton, se sont apparemment détachés de leur lieu d'origine pour ramper sur le dos d'autres couches à travers les Alpes sur des dizaines de kilomètres. Ce mouvement a démarré lors de l'apothéose de la collision continentale, il y a une cinquantaine de millions d'années.

Comment d'aussi grandes masses rocheuses peuvent-elles accomplir de tels déplacements ? D'une part, c'est parce que leur épaisseur fait qu'au bas de la pile, à plusieurs kilomètres de profondeur, chaleur et pression rendent la matière plus plastique, plus apte à fluer.

D'autre part, certains sédiments de la pile vont jouer le rôle de lubrifiant et faciliter le glissement sur leur dos des couches supérieures. On le voit en examinant le dessous d'une nappe, comme on peut le faire en remontant la vallée de l'Arc qui dégage une vue en coupe de ces chevauchements. Il y a là d'épaisses couches de roche scintillante venue d'Italie — des *schistes lustrés* — qui sont d'anciens sédiments marins venus chevaucher la région. En remontant la vallée de l'Arc par la Nationale 6 vers Lanslevillard et la Haute-Maurienne, on voit ces couches de schistes lustrés dominer le paysage, jusqu'à ce qu'apparaisse en bord de route, près de Bramans, la base de la nappe : une couche étincelante de sel. C'est du gypse formé au fond d'une mer ancienne, une roche connue pour son caractère plastique et déformable.

C'est cette semelle de sel qui a servi de lubrifiant à la pile. Les nappes ont emprunté ce plan de glissement pour ramper dans la direction imposée par les forces de compression — c'est-à-dire un chevauchement vers le Nord-ouest au-dessus du Briançonnais —, parcours effectué à la vitesse de plusieurs centimètres par an. C'est donc d'une centaine de kilomètres que peuvent se déplacer ces énormes couvertures de roche en quatre ou cinq millions d'années.

Outre ces glissements dans la pile, le front de la collision continentale casse et recule par étapes vers l'intérieur de la France, soulevant de nouveaux reliefs au passage. Cette vague de déformation, qui se déplace vers le Nord-ouest, soulève à l'heure actuelle les Préalpes — notamment les monts du Lubéron, le Vercors et le massif de la Chartreuse —, ainsi que le Jura. Ainsi a-t-on deux mouvements qui se superposent dans les Alpes : celui des nappes en haut de la pile qui glissent sur leur lubrifiant, et celui du front de la collision qui migre également, mais de façon plus profonde, vers l'avant-pays. La chaîne des Alpes évolue donc dans une direction horizontale, ce qui est logique, car c'est horizontalement que convergent Europe et Afrique. Quant au mouvement vertical des montagnes, il est tout aussi remarquable.

Est-ce que les Alpes se soulèvent encore ?

Lors de la collision active entre les deux continents, il y a flexion vers le bas de leur croûte continentale : Afrique et Europe sont comme deux béliers qui baissent la tête au cours de leur affrontement. De ce fait, l'altitude est faible initialement. Les chevauchements de nappes les unes sur les autres se font en profondeur dans la pile, sous le niveau de la mer.

Les Alpes se sont ensuite soulevés, en raison de l'enfoncement « en coin » de tranches épaisses sous la pile, la soulevant comme un levier, et aussi lorsque la collision a diminué d'intensité et que la marge de l'Europe a cessé d'être tractée sous l'Italie. Le « wagon » de roches continentales légères qui plongeait dans la fosse se serait décroché de sa locomotive, laissant la dense croûte océanique continuer seul son plongeon. Par contrecoup, la marge de la plaque européenne se serait redressée, remontant comme un bouchon et soulevant l'ensemble.

Ce soulèvement, qui fait de l'empilement alpin une véritable chaîne de montagnes, a débuté côté italien, il y a une trentaine de millions d'années. C'est en effet à cette époque que se forment des couches de gravier et de galets déposées par des torrents, ce qui prouve bien qu'un relief avait surgi à l'époque.

La croissance des Alpes a dû s'effectuer au rythme de quelques millimètres à quelques centimètres par an, si l'on en croit les exemples actuels de rebond continental et quelques calculs savants sur le refroidissement des minéraux portés en hauteur. Cela veut dire qu'au rythme moyen d'un centimètre par an, le massif a pu atteindre 5 000 mètres d'altitude en 500 000 ans.

Après avoir rehaussé de la sorte les Alpes centrales — italiennes et autrichiennes —, la vague de soulèvement s'est déplacée vers la France et la Suisse. Les massifs de l'Ouest, appelés « chaîne extérieure », ont grimpé à leur tour, il y a moins de 10 millions d'années. Leur pile de sédiments a été dénudée par l'érosion au cours de cette croissance, et comme dans le cas de l'Himalaya, les roches granitiques sous-jacentes ont fini par être mises à nu. Leur dureté donne moins prise à l'érosion, alors que le soulèvement se poursuit. Ce n'est pas un hasard si ces roches cristallines constituent les plus hautes cimes de la chaîne, à l'instar du massif du Mont-Blanc.

Après le soulèvement vient le déclin. La collision entre l'Europe et l'Afrique a déjà pris fin au niveau des Alpes : les mesures par GPS montrent que la chaîne ne se raccourcit plus horizontalement. La déformation se poursuit ailleurs, notamment en Méditerranée et dans les massifs nord-africains. À la différence de l'Himalaya encore actif, les Alpes ont donc terminé leur construction. Cela étant, elles s'élèvent encore d'un millimètre par an, d'après les mesures GPS et les pointages laser. Mais c'est le chant du cygne : l'étalement du massif sous son propre poids et l'érosion vont bientôt l'emporter définitivement sur la croissance. Centimètre par centimètre, les Alpes vont s'abaisser et s'émousser, pour perdre tout relief au bout de quelques dizaines de millions d'années. Skier deviendra alors très difficile.

Quelle est la hauteur du Mont-Blanc ?

D'après les mesures GPS, certaines parties de la chaîne alpine se soulèvent encore aujourd'hui, au rythme d'un millimètre par an. À ce rythme, les 4 807 mètres du Mont Blanc – altitude longtemps enseignée dans les écoles – pourraient passer à 4 808 mètres dans un millier d'années. Sauf que le climat vient compliquer les calculs !

Le sommet du Mont Blanc, point culminant des Alpes, est en effet constitué du pic rocheux lui-même et de la nappe de neige qui le recouvre. Le pic rocheux atteint l'altitude de 4 792 mètres. L'épaisseur des neiges éternelles qui le chapeaute est donc d'une quinzaine de mètres. Mais des neiges pas si éternelles que ça !

Grâce aux mesures GPS, les alpinistes qui se succèdent au sommet peuvent suivre l'évolution de l'altitude – les mesures officielles sont bisannuelles –, altitude qui varie selon l'épaisseur de la couche neigeuse. Les Géomètres Experts de Haute-Savoie ont ainsi enregistré une première altitude record de 4 810,40 mètres en septembre 2001, soit trois mètres de plus que les 4 807 mètres enseignés dans les écoles. Deux années plus tard, en septembre 2003, l'altitude est retombée à 4 808,45 mètres – deux mètres perdus en deux ans –, car la neige a été tassée par le vent.

Paradoxalement, le réchauffement climatique a permis depuis lors à la neige de reprendre son accumulation : les vents d'Ouest plus fréquents apportent en été un air plus humide et une neige plus collante qui se fixe en haut de la montagne. En septembre 2005, le sommet du Mont-Blanc avait repris 30 centimètres de neige, et en septembre 2007 les alpinistes enregistraient deux mètres supplémentaires de précipitations et une altitude de 4 810,90 mètres : record battu.

L'emplacement de cette crête neigeuse se déplace aussi à l'horizontale : elle aurait migré de 70 centimètres vers le Nord-ouest. Comme la frontière entre la France et l'Italie passe par le sommet du Mont-Blanc – les deux pays se disputant celui-ci – cette dérive vers le Nord-ouest est à l'avantage de la France !

À la recherche des montagnes disparues

Les vestiges d'anciennes chaînes de montagnes, arasées par l'érosion, trahissent les frontières où d'anciens continents sont jadis entrés en collision : leurs zones de « suture ». On voit ainsi que nos grands continents actuels se sont bâtis par collisions successives de fragments continentaux plus petits qui s'y sont accolés, les parties les plus anciennes d'un continent étant généralement au centre, encerclées d'ajouts de plus en plus jeunes.

À l'inverse, lorsqu'un grand continent, fragilisé par la chaleur qui s'accumule sous sa croûte, décide de se scinder, il le fera souvent le long d'une vieille cicatrice de collision, car les anciennes failles à cet endroit rendent la déchirure plus facile. Repérer ces zones frontières nous renseigne donc sur le mouvement des plaques tectoniques et la dérive des continents à travers les âges.

Ainsi voit-on plusieurs cycles se succéder en Amérique du Nord. Une bande de vieux terrains déformés court du Nord au Sud, du

Labrador jusqu'au golfe du Mexique, en passant par l'intérieur des terres. Elle témoigne d'une collision continentale, il y a un peu plus d'un milliard d'années. Surprise : il s'agirait de l'Amérique du Sud qui s'est écrasée tête bêche contre l'Amérique du Nord ! Puis, au bout d'une paire de centaine de millions d'années, les deux continents se seraient séparés le long de cette même cicatrice, l'Amérique du Sud pivotant dans le sens des aiguilles d'une montre pour rejoindre *grosso modo* sa position actuelle.

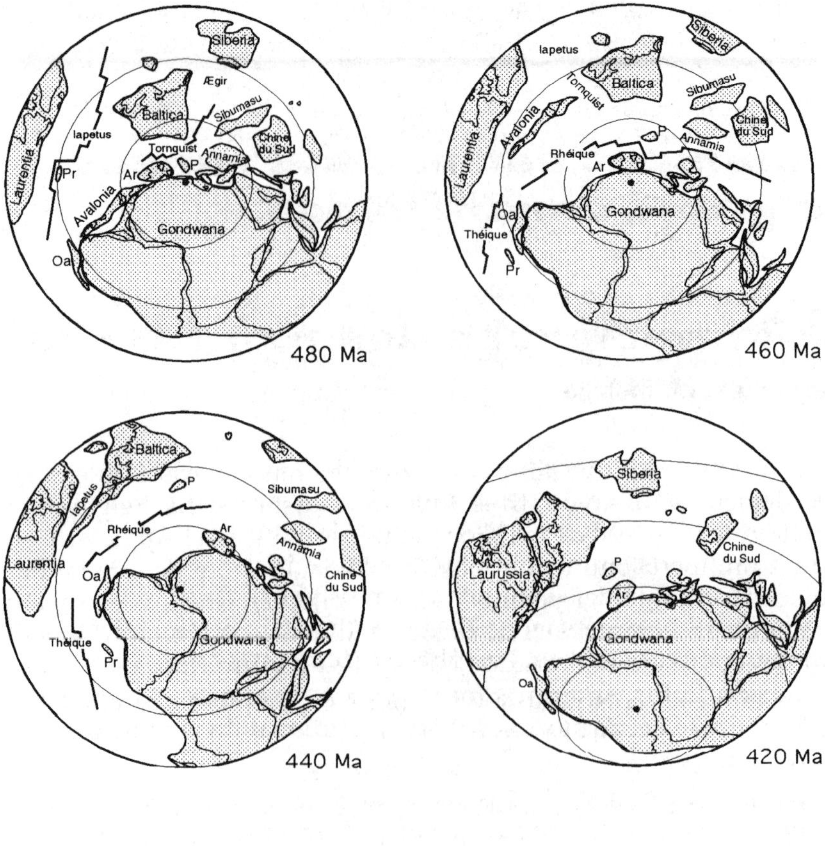

C'est ensuite un nouveau rapprochement continental qui s'opère le long de la côte nord-américaine, la Scandinavie et la Grande Bretagne venant s'écraser contre le Groenland et la Terre-neuve, puis l'Afrique contre la côte méridionale entre Pennsylvanie et Alabama, ce qui a pour effet de soulever la chaîne des Appalaches, il y a environ 400 millions d'années. De nouveau, quand cet assemblage continental décide de se scinder pour ouvrir l'océan Atlantique, il y a 200 millions d'années, c'est le long de cette zone de suture que la déchirure a lieu. D'ailleurs, l'Afrique emporte un morceau des Appalaches au cours de la séparation, qui forme aujourd'hui la chaîne de l'Anti-Atlas au Maroc.

Comment est née la France : le grand carambolage

La France, à la pointe de l'Europe, fut affectée elle aussi par d'antiques collisions. En fait, le pays est une mosaïque de pièces assemblées en même temps que sont nées les Appalaches, un véritable carambolage que les écoliers connaissent sous le nom de *plissement hercynien*.

Il y a plus de 400 millions d'années, la France n'existe qu'en pièces détachées, à savoir trois morceaux distincts. La Belgique et l'extrémité Nord-est de la France sont rassemblées à l'Angleterre au sein d'un microcontinent appelé Avalonia, du nom de l'île mythique des Celtes. Un vaste bras de mer — l'océan Rhéique — sépare ce fragment septentrional de la France d'un second microcontinent qui rassemble les régions de l'Ouest et du Centre français, baptisé Armorica. Enfin, un autre bras de mer — l'océan du Massif Central — sépare cet Armorica du tiers méridional de la France, rattaché à l'Afrique.

La fermeture de l'océan Rhéique rattache la pointe Nord-est de la France à sa partie centrale, en une collision qui soulève les Ardennes. En parallèle, côté Sud, la fermeture de l'océan du Massif Central rassemble le Centre et le Sud de la France en une collision qui érige une chaîne de montagnes passant par la Bretagne (Massif armoricain), la montagne Noire (Massif Central), jusqu'au site des futures Alpes. La France est alors soudée en un seul bloc.

Cette chaîne hercynienne, serpentant à travers l'Amérique du Nord et l'Europe réunies, des Appalaches au Massif armoricain, au Massif Central et jusqu'au cœur de l'Allemagne, n'avait sans doute rien à envier à l'Himalaya. Les continents concernés sont alors à cheval sur l'équateur et la chaîne fait face à un vaste golfe océanique ouvert vers l'Est, la Russie et l'Europe centrale n'étant pas encore venus boucher l'horizon. On imagine les pluies diluviennes qui se sont abattues sur les montagnes, à une époque où la végétation se diversifie et se répand avec de grandes forêts, et où les animaux colonisent activement la terre ferme avec l'essor des amphibiens.

Les montagnes ont-elles une influence sur le climat ?

Les chaînes de montagnes ont en effet leur mot à dire sur le climat et sur l'évolution des espèces vivantes. À l'échelle régionale, c'est évident. Une chaîne montagneuse constitue un obstacle au déplacement des masses d'air, porteuses d'humidité, qui doivent s'élever pour franchir sa barrière. L'air se refroidissant en gagnant de l'altitude, l'eau se condense et pleut sur les versants. Plus haut, où il fait encore plus froid, le reste d'humidité précipite sous forme de neige. Et lorsque la masse d'air a franchi les montagnes, elle est devenue tellement sèche qu'il ne peut plus pleuvoir sur les versants opposés. Là où il existe un régime de vents dominants, une chaîne de montagnes présente donc des zones humides d'un côté et des zones désertiques de l'autre.

C'est particulièrement net aujourd'hui le long de la côte Pacifique des États-Unis, où la barrière montagneuse de la Sierra Nevada intercepte les masses d'air océanes et les purge de leur eau avant qu'elles ne franchissent les crêtes, arrosant les versants fertiles côté Ouest. Les plaines côtières de la Californie sont ainsi de riches terrains agricoles. Après quelques dernières précipitations sur les sommets, qui font le bonheur des stations de sport d'hiver, l'air devenu sec n'a plus rien à offrir sous le vent de la chaîne : derrière les montagnes s'étirent les bassins désertiques de la vallée de la Mort et du Nevada.

Même scénario dans la chaîne de l'Himalaya, où la mousson est similaire à une brise de mer géante. Au printemps, le continent asiatique se réchauffe, creusant une zone de basse pression qui attire les masses d'air humide depuis l'océan Indien. Lorsqu'elles rencontrent sur leur chemin la chaîne de l'Himalaya et s'élèvent le long des versants, le refroidissement force la vapeur d'eau à se condenser, et des précipitations diluviennes s'abattent sur les contreforts montagneux. Le ruissellement des eaux de pluie cause des inondations catastrophiques en aval, notamment au Bangladesh.

À grande échelle, les chaînes de montagnes peuvent également affecter le climat mondial. L'érosion par l'eau de pluie entraîne une transformation chimique des roches, qui soutire du gaz carbonique de l'atmosphère : il est lessivé vers l'océan et incorporé dans les sédiments. La mise en place d'une chaîne de montagnes peut donc diminuer le taux de dioxyde de carbone dans l'atmosphère, affaiblir l'effet de serre et mener au refroidissement de la planète. Un refroidissement mondial constaté depuis 50 millions d'années est d'ailleurs attribué en partie à la croissance de l'Himalaya et à son érosion vigoureuse par les grands fleuves d'Asie. Comme quoi géologie et climat partagent beaucoup d'aventures communes…

7

Réchauffement climatique ou ère glaciaire ?

Où s'arrête l'atmosphère ? Comment fonctionne la couche d'ozone ? Quelle fut l'histoire du climat à travers les âges ? Qu'est-ce qui a déclenché l'ère glaciaire ? Sommes-nous responsables du réchauffement climatique ?

Atmosphère et climat

La Terre est entourée d'une atmosphère qui absorbe la lumière et la chaleur prodiguées par le Soleil. Cette insolation est distribuée de façon cyclique aux différentes latitudes tout au long de l'année à cause de l'inclinaison de la Terre sur son axe, inclinaison qui bat le rythme des saisons. À plus longue échelle, l'histoire climatique de la Terre est riche en grands événements. Tectonique des plaques et volcanisme ont leur mot à dire, qui contrôlent l'arrangement des continents et des océans, le niveau des mers, et l'injection de nouveaux gaz dans l'atmosphère.

Le climat terrestre a fait étalage de son dynamisme et de son extrême variabilité tout récemment en termes géologiques, avec une succession cyclique de périodes froides, dites « glaciaires », et de périodes chaudes, dites « interglaciaires ». C'est au sortir du dernier cycle glaciaire, il y a tout juste 10 000 ans, que la civilisation humaine a émergé des cavernes et s'est développée.

Mais aujourd'hui, l'expansion de l'industrie et de l'agriculture humaines transforme profondément le climat, à une vitesse alarmante par rapport aux processus naturels auxquels la Terre est habituée. L'écosystème tout entier s'en trouve affecté. Il est donc urgent que nous comprenions les mécanismes du climat, auxquels nous devons l'essor de notre civilisation, et qui décideront aussi de notre avenir.

D'où viennent les gaz qui nous entourent ?

Pour comprendre le climat et ses enjeux, il nous faut d'abord comprendre l'atmosphère, milieu dans lequel se déroule cette fabuleuse histoire climatique.

L'atmosphère peut-elle s'échapper ?

Pour s'arracher à la gravitation terrestre, une fusée doit dépasser la vitesse de 11,2 kilomètres par seconde. Or, les molécules de gaz de l'atmosphère se déplacent à des vitesses moyennes de 1 à 3 kilomètres par seconde dans leurs déplacements chaotiques au-dessus du sol.

Il s'agit toutefois de vitesses *moyennes*, c'est-à-dire des vitesses qui animent la *majorité* des molécules du gaz en question. Un petit nombre de molécules dépassent cette moyenne, et ces « chauffards » peuvent parfois atteindre la vitesse de libération. Ce sont les éléments les plus légers, comme l'hydrogène, qui y parviennent le plus fréquemment. Au cours du temps, l'atmosphère terrestre s'appauvrit donc en gaz légers.

L'atmosphère est une couche de gaz, c'est-à-dire une population d'atomes qui ne forment pas des réseaux solides ou liquides, mais qui sont des molécules indépendantes, libres de circuler. Ces molécules sont excitées par la lumière du soleil et auraient tendance à s'échapper dans l'espace si elles n'étaient pas retenues par la forte pesanteur de la planète.

Ces gaz sont ceux dont la Terre a hérité lors de sa formation (« l'atmosphère primitive ») et ceux relâchés au cours des temps géologiques par les volcans (« l'atmosphère secondaire »). Au-delà de cette distribution initiale, la dissolution des gaz dans les océans, leurs réactions chimiques avec le sol et les roches, et leur traitement par le monde vivant ont fait varier la composition de l'atmosphère au fil du temps.

L'atmosphère de la Terre

Azote (N_2)	78,1 %
Oxygène (O_2)	21,0 %
Vapeur d'eau (H_2O)	3,0 % à 0 % (variable)
Argon (Ar)	0,93 %
Dioxyde de carbone (CO_2)	0,04 %
Méthane (CH_4)	0,0002 %

* pourcentages exprimés en volume

À l'heure actuelle, l'atmosphère est principalement composée d'azote et d'oxygène, avec une petite dose de vapeur d'eau et d'argon. Loin derrière viennent quelques gaz minoritaires, notamment le dioxyde de carbone et le méthane. Malgré leur faible concentration, ces derniers jouent un grand rôle dans le climat, car ils créent un important effet de serre.

Une caractéristique cruciale de l'atmosphère terrestre, c'est que l'un de ses constituants majeurs existe surtout à l'état liquide, plutôt qu'à l'état gazeux. Il s'agit de la précieuse molécule d'eau. Condensée sous forme liquide, l'eau se rassemble en océans qui gèrent le stockage et la circulation de la chaleur solaire autour de la Terre, et emmagasinent des gaz dissous, comme le dioxyde de carbone. L'eau est aussi le principal moteur de l'érosion, grâce à ses changements d'état qui le font passer de l'évaporation à la précipitation et au ruissellement pour retourner à la mer. Enfin, l'eau liquide est un milieu solvant idéal qui a permis de nombreuses réactions chimiques, dont certaines ont mené à l'éclosion et à l'épanouissement de la vie.

L'histoire de la Terre eut été bien différente si la vapeur d'eau ne s'était pas condensée en océans. Si nous avions été plus proches du Soleil, toute cette eau serait restée à l'état gazeux : une cocotte-minute infernale. Évaporés, les océans représentent en effet 300 bars de pression — 300 fois le poids de l'atmosphère actuelle. Ajoutez à cela tout le dioxyde de carbone aujourd'hui emprisonné sous forme de sédiments calcaires et qui se retrouverait aussi dans l'atmosphère s'il n'y avait pas eu d'océans : il représente quelques dizaines de bars de pression supplémentaires. Vapeur d'eau et dioxyde de carbone auraient entretenu un puissant effet de serre, faisant grimper la température de plusieurs centaines de degrés.

Heureusement, ce n'est pas le cas. Les conditions initiales de température et de pression qui ont régné dans l'atmosphère terrestre ont permis la formation de ces océans salutaires, qui ont empêché température et pression de s'emballer.

Où s'arrête l'atmosphère ?

La forte pesanteur terrestre compacte l'atmosphère près du sol. Depuis l'espace, la minceur de cette pellicule de gaz saute aux yeux. La moitié de la masse de l'atmosphère terrestre tient dans les cinq premiers kilomètres, et les neuf dixièmes en dessous de 16 kilomètres. Au-delà de 30 kilomètres d'altitude, les gaz ténus qui composent la haute stratosphère ne représentent plus que 1 % de la masse totale. Au-delà de 100 kilomètres, on considère que débute l'espace, bien qu'il reste encore suffisamment de molécules gazeuses pour freiner les satellites. Même à l'altitude de la Station Spatiale Internationale, à 400 km d'altitude, il faut épisodiquement allumer les moteurs pour compenser la vitesse perdue par friction sur les rares molécules qui traînent et rehausser l'orbite de la station.

L'atmosphère est divisée par les chercheurs en plusieurs couches. La basse atmosphère, appelée *troposphère*, se caractérise par une baisse de la température avec l'altitude — environ 6 °C par kilomètre —, à mesure que les gaz deviennent plus ténus et moins aptes à capter la chaleur. C'est dans cette troposphère, qui s'étend du sol jusqu'à une douzaine de kilomètres d'altitude, que circule la vapeur d'eau, naissent les nuages, et se manifeste la plupart des phénomènes climatiques.

Au-dessus de la troposphère, s'étend une deuxième couche appelée *stratosphère*, d'environ 12 à 50 kilomètres d'altitude, où la température remonte avec l'altitude. Ce curieux échauffement est dû au fait que les molécules gazeuses y interceptent la plupart des rayons énergétiques du soleil, notamment les ultraviolets. Une molécule rare — l'oxygène triatomique ou *ozone* — assure l'essentiel de ce filtrage et empêche les dangereux rayons ultraviolets d'atteindre le sol et d'attaquer les molécules du monde vivant.

Au-delà de la stratosphère, les gaz de plus en plus ténus constituent la *mésosphère* et la *thermosphère*, où l'on se rapproche de conditions proches du vide.

Une zone de vents violents

Le passage de la troposphère à la stratosphère est une zone de transition appelée *tropopause*, qui se situe autour de 8-10 kilomètres d'altitude au-dessus des régions polaires, autour de 12 kilomètres aux latitudes tempérées, et jusqu'à 15 kilomètres d'altitude dans les régions équatoriales.

Aux latitudes tempérées de l'hémisphère Nord, des conflits de masses d'air agitent cette couche frontière, engendrant des vents d'ouest qui peuvent atteindre 400 km/heure. Ils poussent les avions de ligne dans le sens Amérique-Europe et raccourcissent leur temps de vol de plus d'une heure : c'est le fameux « jet-stream ».

La couche d'ozone

L'ozone de la stratosphère existe en quantités infimes mais suffisantes pour assurer un bouclier de protection efficace contre les ultraviolets. Ses molécules sont dispersées à travers toute la stratosphère, avec une concentration qui grimpe entre 25 et 40 kilomètres d'altitude. Mais que l'on ne s'y trompe pas : il s'agit toujours d'un constituant mineur de l'atmosphère, qui ne compte que pour une fraction de millième de pour-cent — une demi-douzaine de molécules d'ozone par *million* de molécules de gaz. L'ozone ne constitue donc pas une couche au sens propre du mot, mais une « dose homéopathique » finement diluée dans la stratosphère. D'ailleurs, si on purgeait tout l'ozone de l'atmosphère pour le concentrer en une couche de gaz pur au niveau du sol, cette couche fictive ne mesurerait que trois millimètres d'épaisseur !

L'ozone (O_3) est produit lorsque de l'oxygène « normal » (O_2) est scindé en deux atomes (O + O) par une « frappe » de rayons ultraviolets. Une fraction de ces atomes « orphelins » rencontre des molécules intactes d'oxygène et s'y attache pour former des molécules d'ozone ($O_2 + O = O_3$).

Vous avez dit ppm ?

La composition de l'atmosphère s'exprime en proportion de ses différents constituants. Pour les gaz principaux, ces chiffres sont des pourcentages : 21 % d'oxygène signifie que sur 100 centimètres cubes d'air, 21 centimètres cubes sont occupés par des molécules d'oxygène.

Pour les proportions plus petites – celles des gaz mineurs –, on utilise l'unité *ppm* qui signifie « part par million », soit un dix-millième de pour-cent. L'ozone stratosphérique, par exemple, atteint des concentrations de 2 à 8 ppm, soit 0,0002 à 0,0008 % seulement des gaz présents.

Lors d'une seconde étape, on assiste au phénomène inverse. Les molécules d'ozone fraîchement produites interceptent d'autres rayons ultraviolets pour se rescinder en dioxygène et oxygène ($O_3 = O_2 + O$). L'ozone disparaît donc presque aussi vite qu'il est créé, ce qui explique sa faible concentration, mais au cours du processus il arrête la totalité des rayons ultraviolets les plus dangereux — les UV-C — et l'immense majorité des UV-B responsables des coups de soleil et des cancers de la peau : l'ozone n'en laisse passer que quelques *milliardièmes* de pour-cent !

Le problème, c'est que d'autres atomes peuvent perturber ce délicat équilibre, notamment le chlore et le brome qui détruisent l'ozone plus vite qu'il ne peut se constituer. Dès les années 1970, les chercheurs soupçonnent que certains gaz réfrigérants, contenant du chlore ou du brome, attaquent ainsi l'ozone de la stratosphère. Une diminution abrupte et saisonnière est en effet constatée par les satellites météo au-dessus des régions polaires, principalement au-dessus du continent Antarctique. La concentration de l'ozone y chute de 30 à 40 % au printemps, avant de remonter : c'est ce qu'on appelle *le trou d'ozone*. On l'explique par l'action destructrice des gaz chlorés industriels, particulièrement agressifs dans les conditions climatiques qui sévissent aux Pôles à cette saison.

Le trou d'ozone

La destruction de l'ozone se déroule principalement entre 12 et 25 kilomètres d'altitude, au-dessus du continent Antarctique et au début du printemps austral. C'est là que les températures sont suffisamment basses et l'ensoleillement suffisamment fort pour favoriser l'attaque de l'ozone par les molécules chlorées. La zone de perte s'étend au fil du printemps austral pour atteindre une surface de 25 millions de kilomètres carrés : le « trou » mesure alors près de 6 000 km de diamètre. Le taux d'ozone y baisse d'un tiers, voire de moitié durant les deux à trois mois d'attaque chimique.

Les chlorofluorocarbones industriels (CFC) responsables de cette attaque sont dispersés dans toute l'atmosphère, mais leur activité est maximale au-dessus de l'Antarctique. Dans la froide obscurité de l'hiver, des nuages de cristaux de glace se forment en altitude dans la stratosphère. Ce sont ces cristaux qui servent de catalyseur – c'est-à-dire de substrat de réaction – entre CFC et ozone, lorsque le Soleil éclaire les nuages au printemps. Puis les nuages se dissipent et la concentration d'ozone se rétablit progressivement jusqu'à l'hiver suivant, quand débute un nouveau cycle de destruction.

Est-ce que l'ozone diminue ?

Une destruction partielle de la couche d'ozone a lieu chaque printemps austral au-dessus de l'Antarctique, depuis au moins les années 1970. La baisse saisonnière se fait ressentir sur toute la planète, car l'air polaire se mélange quelque peu avec le reste de l'atmosphère, l'effet négatif étant toutefois dilué.

Ce qui est plus grave, c'est que le stock d'ozone ne parvient pas à remonter à son niveau normal après chaque crise saisonnière, mais enregistre chaque année une petite baisse par rapport à l'année précédente. Cette baisse est estimée à environ 5 % de l'ozone mondial par décennie entre 1970 et 2000, alors que l'on observe une augmentation de la dose d'ultraviolet qui atteint le sol dans les mêmes proportions.

Des mesures ont été prises pour enrayer cette attaque de l'ozone par les produits chlorés. Un protocole international a limité la production et l'utilisation des gaz CFC à partir de 1987, et les a totalement bannis en 1996 : ils ont été remplacés par de nouveaux produits moins agressifs. Dès 2002, le suivi par satellite a montré que le déclin de l'ozone est enrayé par ces mesures salvatrices, et il y a bon espoir que sa concentration remontera bientôt à son niveau d'avant la crise. Mais il faut être patient, car les CFC déjà émis ne disparaissent que progressivement de la stratosphère. Ainsi, les chercheurs estiment que la concentration d'ozone ne remontera à son niveau naturel qu'aux alentours de 2065.

La Terre face au soleil

Outre des réactions chimiques, l'atmosphère est aussi le siège de phénomènes thermiques. L'atmosphère reçoit son énergie du soleil principalement sous forme de lumière visible, complétée par de l'ultraviolet, de l'infrarouge et d'autres longueurs d'ondes. Ce flux d'énergie atteint 1 370 watts/m^2 au niveau de l'orbite terrestre, mais c'est seulement le quart (340 watts/m^2) que la Terre reçoit en moyenne, en tenant compte de la courbure de la planète et de la moitié plongée dans la nuit.

De cette énergie incidente, pratiquement un tiers est réfléchi par les nuages, les glaces et autres terrains clairs, et repart vers l'espace sans chauffer la Terre. Les deux tiers restants sont absorbés par l'atmosphère, le sol et les océans, qui s'échauffent. Ceux-ci se comportent alors comme des radiateurs et réémettent la chaleur vers l'espace sous forme de rayons infrarouges. La température de la Terre est l'équilibre atteint entre l'absorption et la réémission de cette énergie.

Ce qui est étonnant, c'est que lorsqu'on fait le bilan de tout ce qui sort et de tout ce qui rentre, la température de la Terre devrait se stabiliser autour d'une température d'équilibre de — 17 °C. Tous les océans devraient donc être gelés ! À l'évidence, ce n'est pas le cas, et en intégrant la température de tous les points du globe sur toutes les saisons, la Terre affiche une température moyenne de + 15 °C. D'où vient cette différence de plus de 30 degrés Celsius ? Elle est le résultat d'une surchauffe naturelle appelée *effet de serre*.

L'effet de serre

Les gaz de l'atmosphère terrestre sont transparents à la lumière visible du soleil qui chauffe le sol et les océans. Mais cette chaleur, qui tente de repartir dans l'autre sens vers l'espace, le fait sous

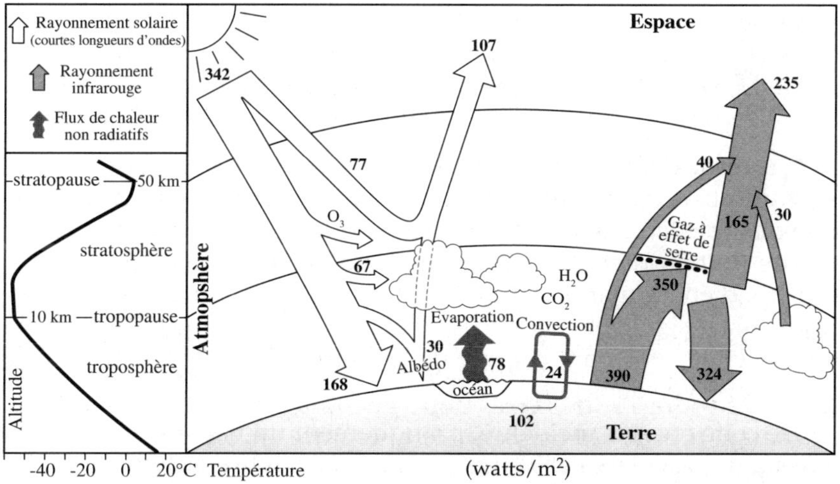

la forme de rayonnements infrarouges, de plus grande longueur d'onde. Or certains gaz de l'atmosphère — vapeur d'eau et dioxyde de carbone en particulier — ne sont pas transparents à ces rayonnements infrarouges. Ils les arrêtent au passage, ce qui fait vibrer leurs molécules : la température de l'atmosphère augmente.

On appelle ce mécanisme « effet de serre », parce que la vitre d'une serre ou d'une automobile agit de la même manière en étant transparente à la lumière qui entre, mais opaque à l'infrarouge qui tente de sortir.

La température de l'atmosphère est donc régie par l'insolation qu'elle reçoit et par sa concentration de gaz à effet de serre. Sans oublier que le pouvoir réflecteur de la Terre peut lui aussi changer à l'échelle régionale.

Comment la Terre règle sa température

La proportion du rayonnement solaire qui est réfléchie ou absorbée par la Terre varie au cours des temps géologiques. La variation du niveau marin, par exemple, peut découvrir une plus grande superficie de continents clairs, ou au contraire la réduire. La quantité de glace qui se forme change également le pouvoir réflecteur de la Terre. Même la biosphère a son mot à dire, puisque la colonisation de terrains clairs par la végétation peut assombrir la planète.

Ces mécanismes sont d'autant plus complexes qu'ils peuvent s'amplifier ou s'influencer les uns les autres, soit en se renforçant — ce qu'on appelle une *rétroaction positive* —, soit en se combattant pour limiter le changement, ce qu'on appelle une *rétroaction négative*.

Un exemple de rétroaction positive est la croissance d'une calotte polaire : l'augmentation de la surface des glaces, en réfléchissant une plus grande fraction de la lumière solaire, fait baisser la température de la Terre, donc encourage la glace à s'étendre davantage, ce qui fait baisser la température encore plus, et ainsi de suite. Ce faisant, le transfert de l'eau des océans vers la glace des continents fait baisser le niveau marin et fait émerger une plus grande surface continentale, claire et réfléchissante, ce qui amplifie aussi le refroidissement.

Tectonique des plaques et climats

La tectonique des plaques a une influence capitale sur le climat en faisant varier le niveau marin, en changeant l'emplacement des continents et des océans, et à une échelle plus régionale en érigeant des reliefs pour modifier la circulation atmosphérique et océanique.

Le niveau marin monte si le volume du relief sous la mer augmente, tout comme un corps plongé dans une baignoire peut faire déborder celle-ci. C'est le cas lorsqu'une nouvelle chaîne volcanique se met en place sur le fond marin, toute la zone connaissant une tumescence thermique qui crée un relief de 2000 m de hauteur au centre du bassin. Une dorsale déjà en place peut aussi grossir en volume si son rythme volcanique accélère : le « tapis roulant » de relief qui s'en écarte reste « gonflé » par la chaleur jusqu'à de plus grandes distances de l'axe — plus de 1 000 kilomètres — et occupe donc un plus grand volume qu'une dorsale lente, dont les flancs se refroidissent et s'affaissent sans avoir atteint de grandes distances.

Durant les périodes de grande activité aux dorsales sous-marines, par exemple lors de l'expansion de l'Atlantique au Crétacé, il y a une centaine de millions d'années, les mers ont débordé sur les continents. La surface claire des terres étant réduite, moins de rayonnement solaire fut perdu par réflexion vers l'espace. Quant à la part d'énergie absorbée par les mers, elle s'en trouva augmentée. Ces deux facteurs contribuèrent au climat chaud et doux du Crétacé.

La tectonique des plaques influe également sur le climat global de la Terre en modifiant la disposition des continents et des courants marins. Aujourd'hui, les continents sont rassemblés en deux grands alignements Nord-Sud : les Amériques, et le bloc Afrique-Europe-Asie. Ces barrières bloquent les courants océaniques dans le sens Est-Ouest et favorisent leur circulation Nord-Sud, notamment dans l'Atlantique, où des courants comme le Gulf Stream circulent des tropiques vers l'Arctique. Ces courants marins modèrent le climat de la Terre en transférant les calories des régions chaudes vers les régions froides.

Lorsqu'un continent dérive vers l'un des Pôles, on a aussi une situation intéressante. Un continent en position polaire va connaître un climat froid et piéger les précipitations sous forme de glace, menant à la croissance d'étincelantes calottes polaires. Celles-ci vont réfléchir une plus grande fraction du rayonnement solaire et favoriser la chute de la température, par un effet « boule-de-neige ». En outre, le transfert d'eau des océans vers les glaciers continentaux fait baisser le niveau marin, découvre des terrasses continentales claires et accentue le pouvoir réflecteur et réfrigérant de la Terre.

Ce n'est donc pas une coïncidence si les ères glaciaires que traverse épisodiquement la Terre coïncident avec la dérive de certains continents à proximité des Pôles. Cette influence de la tectonique des plaques, liée à nombre d'autres facteurs — la biosphère elle-même n'étant pas le moindre —, a rendu l'histoire climatique de la Terre particulièrement mouvementée.

Une brève histoire du climat

Depuis ses origines il y a 4,5 milliards d'années jusqu'à la « mi-temps » de son histoire, il y a 2,3 milliards d'années, la Terre a connu un climat chaud, dominé par l'effet de serre dû au dioxyde de carbone. La vie primitive en a profité pour coloniser les océans, jusqu'à ce que la prolifération des algues bleues (les *cyanobactéries*) altère l'équilibre climatique. En effet, ces algues ont fini par pomper une grande quantité du gaz carbonique hors de la mer — et hors de l'atmosphère du même coup — pour bâtir leurs charpentes calcaires. Cette chute du dioxyde de carbone et de l'effet de serre associé est probablement à l'origine du refroidissement majeur survenu il y a 2,3 milliards d'années : les roches de l'époque portent la trace de glaciers.

Le climat s'est ensuite réchauffé. On remarque d'ailleurs des sédiments vieux de 1,7 milliard d'années qui sont des « évaporites », c'est-à-dire des sels déposés au fond de lagunes qui s'évaporaient au soleil, notamment du gypse.

Le dernier milliard d'années de notre histoire commence très mal : des refroidissements catastrophiques surviennent il y a 940, 770 et 615 millions d'années dans le passé. Les surfaces continentales de l'époque portent la trace de glaciers, même aux latitudes tropicales, et certains chercheurs avancent que les océans eux-mêmes étaient gelés, la planète se transformant chaque fois en une gigantesque boule-de-neige. Heureusement, les volcans qui perçaient à travers la glace ont fini par insuffler suffisamment de dioxyde de carbone dans l'atmosphère pour « booster » l'effet de serre, faire fondre la banquise et sortir chaque fois la Terre de la crise.

Les grandes crises climatiques

Les derniers 500 millions d'années de l'histoire terrestre voient l'essor des formes de vie complexes : végétaux à tige, arbres et fleurs, mollusques et poissons, insectes et amphibiens, reptiles et mammifères. Cette évolution spectaculaire des espèces a été façonnée, taillée par les vicissitudes du climat. Survient ainsi une glaciation majeure, il y a 250 millions d'années, qui coïncide avec un effondrement catastrophique du monde vivant : près de 90 % des espèces vivantes disparaissent. Cette crise de la fin du Permien est une grande énigme, mais coïncide avec des éruptions volcaniques en Sibérie qui portent peut-être une part de responsabilité.

Après ce grand coup de froid commence une longue période chaude qui est celle des dinosaures et des plantes tropicales : on trouve des palmiers jusqu'en Alaska ! Il n'y a plus de glaciers, et le niveau de la mer se trouve 200 à 300 mètres au-dessus du niveau actuel, en noyant les plaines continentales. À cette époque, la France est découpée en un archipel d'îles, avec des barrières de corail le long du littoral.

Cette idylle climatique est interrompue par une catastrophe, il y a 65 millions d'années, qui marque la fin des dinosaures et de trois quarts des espèces vivantes de l'époque. Nous verrons au chapitre suivant que c'est un impact d'astéroïde qui a dévasté l'environnement, perturbant le climat au passage. Mais le drame est de courte durée. La biosphère se reconstruit sur ses décombres pour lancer le dernier acte de l'histoire de la Terre : l'ère des mammifères.

Qu'est-ce qui a déclenché l'Âge glaciaire ?

Le redressement de l'écosystème débute sous de bons auspices, puisque les températures grimpent pour atteindre de hautes valeurs, il y a environ 55 millions d'années. Les fossiles extraits des marnes et des gypses de Paris montrent qu'à l'époque, sur le site de la future capitale, les crocodiles paressent sous les bananiers.

Cette période faste de l'Éocène va s'achever, il y a 35 millions d'années, sans que l'on sache vraiment pourquoi, mais ce sont probablement la dérive des continents et une nouvelle disposition des courants marins qui portent la plus grande part de responsabilité.

Le continent Antarctique s'est en effet séparé de l'Australie pour se positionner près du Pôle Sud : un courant d'eau froide va progressivement l'isoler du reste de la planète et le transformer en un réfrigérateur géant. Les masses d'air humide qui transitent au-dessus du continent vont précipiter leur eau sous forme de neige et bâtir progressivement une calotte polaire — un *inlandsis* — qui va réfléchir une fraction appréciable de la lumière solaire.

C'est d'abord la moitié Est de l'Antarctique qui s'englace. Puis, lorsque la séparation du continent et de la Terre de Feu est suffisamment accomplie pour permettre l'installation du grand courant froid, la moitié Ouest de l'Antarctique s'englace à son tour, il y a de cela une quinzaine de millions d'années. L'Hémisphère Nord fait encore de la résistance et son climat reste tempéré — un soulagement pour la vie terrestre car la plupart des continents se trouvent justement dans l'Hémisphère Nord, mais le sursis est de courte durée. Un ultime durcissement du climat survient en effet, il y a 3 millions d'années, lorsque des glaciers commencent à recouvrir le Groenland pour former une calotte polaire Nord.

Quelle est la cause de ce dernier acte climatique ? On constate qu'à cette époque, le détroit qui existait entre Amérique du Nord et Amérique du Sud vient de se refermer avec la constitution de la chaîne volcanique d'Amérique Centrale. Le courant océanique équatorial est interrompu entre Pacifique et Atlantique par cet isthme de Panama, et les courants Nord-Sud vont prendre plus d'importance. Ce sont peut-être ces nouveaux courants qui ont apporté de l'humidité au Pôle Nord et commencé à charger le Groenland en neige.

Toujours est-il qu'après l'englacement du Groenland, le climat terrestre va connaître au cours des trois derniers millions d'années une valse-hésitation entre périodes froides et brefs réchauffements, qui est connue sous le nom d'Âge glaciaire.

Les oscillations du climat

Les carottes de glace prélevées en Antarctique nous renseignent de façon détaillée sur les variations de température (variations isotopiques de l'oxygène) et de la composition de l'atmosphère (bulles de gaz piégées dans la glace) au cours du dernier million d'années. Une analyse complémentaire des sédiments marins permet d'étendre cette étude à l'ensemble de l'Âge glaciaire, sur près de trois millions d'années.

Ce qui saute aux yeux des chercheurs, c'est la nature périodique des changements climatiques qui oscillent avec une grande régularité entre périodes froides, dites *glaciaires*, et périodes plus chaudes, dites *interglaciaires*. Une phase glaciaire dure environ 100 000 ans, suivie par une trêve interglaciaire d'environ 20 000 ans, avant le retour à une nouvelle phase glaciaire.

Cette périodicité n'est pas une surprise. Elle avait été avancée dès 1842 par le mathématicien français Joseph Adhémar, sur la base de considérations astronomiques, l'insolation de la Terre étant cyclique. La théorie est développée en 1924 par le géophysicien serbe Milutin Milankovitch, et les cycles sont appelés en son honneur « cycles de Milankovitch ».

Trois grands cycles modulent l'insolation de la Terre, à commencer par la forme de l'orbite terrestre, qui oscille entre un cercle parfait et une ellipse légèrement allongée — l'*excentricité* de l'ellipse atteint 6 % — sur une période de 100 000 ans. S'y superpose un cycle secondaire, d'une période de 400 000 ans. Lors des périodes de forte excentricité, l'insolation reçue par la Terre varie au cours de l'année de plusieurs pour cent, entre passage au plus près du Soleil et éloignement maximal.

Le second cycle astronomique qui affecte la Terre concerne l'inclinaison de son axe de rotation, inclinaison qui définit le contraste entre les saisons. Aujourd'hui, cette inclinaison ou *obliquité* est de 23° 27′, mais elle oscille entre 21° 59′ et 24° 36′ selon un cycle de 41 000 ans, les plus hautes valeurs correspondant à un contraste maximal entre les saisons, notamment un ensoleillement plus marqué des calottes polaires en été, et des hivers polaires plus froids. Une faible inclinaison réduit au contraire les contrastes saisonniers.

Enfin, cet axe de rotation incliné ne pointe pas toujours dans la même direction, mais décrit un cône dans l'espace, comme une toupie en folie, figure décrite en 21 000 ans. Ainsi, l'Hémisphère Nord pointe actuellement vers le Soleil en juillet, mais la situation sera renversée au bout d'une dizaine de milliers d'années (une demi-période), quand ce sera au tour de l'Hémisphère Sud de pointer vers le Soleil en juillet, l'été boréal étant alors décalé au mois de décembre.

La combinaison de ces trois cycles est complexe, mais au bilan, la variation de l'insolation peut atteindre 20 % au fil des millénaires, pour un site et une saison donnés. Un épisode glaciaire se déclenche lorsque la géométrie de l'orbite et de l'axe de rotation terrestres est telle que le Pôle Nord reçoit une insolation minimale en été. Alors la neige accumulée en hiver ne fond pas et la calotte glaciaire grandit au fil des ans, les glaciers s'étendant sur l'Europe et sur l'Amérique du Nord, jusqu'aux latitudes de Londres et de New York.

Nous sortons d'un épisode glaciaire

La dernière glaciation a débuté il y a environ 110 000 ans, pour s'achever il y a 11 000 ans. C'est durant cet épisode froid que notre espèce *Homo sapiens* s'est dispersée en Europe et en Amérique du Nord, a chassé rennes et mammouths en bordure des grandes calottes polaires, et a peint au mur des cavernes les merveilleuses fresques de Lascaux, Altamira, Chauvet, Cosquer…

À l'époque, la température moyenne de la Terre était 5 °C inférieure à ce qu'elle est aujourd'hui, avec des refroidissements encore plus marqués à l'intérieur des continents et en bordure des calottes : en hiver, la température chutait aux alentours de — 30 °C en France. Notre pays ressemblait au nord de la Sibérie avec une toundra de mousses et de lichens.

Quant au niveau marin, il était plus bas de 120 mètres, en raison de la quantité d'eau transférée de l'océan vers les glaciers continentaux. La Manche était à sec et il n'y avait qu'un grand fleuve à franchir — confluence du Rhin, de la Seine et de la Tamise — pour passer de France en Angleterre.

Dans le détail, cette glaciation a connu une multitude de mini-réchauffements — on en dénombre 254 en 100 000 ans, soit un tous les quelques siècles —, mais sans qu'ils soient suffisants pour sortir l'Europe et l'Amérique du Nord de l'emprise des glaces. Ce n'est qu'avec le coup de pouce d'une bonne combinaison de paramètres astronomiques que la débâcle a enfin eu lieu, il y a 11 000 ans, que les forêts ont remplacé la toundra, qu'*Homo sapiens* s'est tourné vers l'agriculture et l'élevage, et qu'a fleuri la civilisation humaine.

L'Âge glaciaire est-il terminé pour autant ?

Si la Terre jouit d'un épisode interglaciaire depuis 11 000 ans, ce n'est nullement la fin des hostilités ! Ce climat doux qui nous paraît normal n'est qu'une trêve, les épisodes précédents nous enseignant qu'un interglaciaire ne dure que 10 000 à 30 000 ans et qu'en toute logique nous replongerons dans quelques millénaires dans un long intervalle glaciaire.

Nous pouvons même spéculer dans combien de temps ce refroidissement aura lieu, en comparant la situation actuelle avec les cycles astronomiques précédents. Il y a 420 000 ans, les paramètres orbitaux étaient similaires à ceux d'aujourd'hui et l'interglaciaire avait duré 28 000 ans. Si l'histoire se répète, comme nous n'en sommes qu'à 11 000 ans d'interglaciaire, il pourrait nous rester 17 000 ans de bonheur ! Cela, bien sûr, si nous ne touchons pas aux réglages de la machine Terre.

L'un de ces réglages, qui joue un rôle important dans la stabilité thermique du globe, est l'organisation des courants océaniques. Cette circulation, dite *thermohaline*, est régie comme son nom l'indique par les différences de température et de salinité des mers.

Dans un premier temps, les eaux chaudes remontent du Golfe du Mexique à travers l'Atlantique Nord — c'est le célèbre *Gulf Stream* — jusqu'à l'océan Arctique. Elles jouent ainsi un rôle modérateur en redistribuant la chaleur de l'équateur vers le Pôle. Puis, ayant communiqué cette chaleur au milieu ambiant, les eaux devenues plus froides, plus salées et plus denses, plongent pour rebrousser chemin vers le Sud. Elles circulent le long du fond jusqu'au Cap Horn, contournent la pointe de l'Afrique, traversent l'océan Indien jusqu'au Pacifique, et remontent en surface se charger en chaleur. Après avoir fait le tour du Pacifique, elles retraversent l'océan Indien dans l'autre sens, regagnent l'Atlantique et repartent vers l'Arctique avec une nouvelle charge de chaleur. La boucle est bouclée.

Ce « tapis roulant » océanique est un gage de stabilité thermique, qui redistribue de façon équitable vers les régions froides la chaleur injectée par le Soleil aux basses latitudes. Il est l'un des « fusibles » qui retarde notre entrée dans un nouvel âge glaciaire.

Mais la menace d'un refroidissement brutal du climat est loin d'être notre préoccupation actuelle. Au contraire, l'impact de notre civilisation sur le climat joue dans le sens d'un réchauffement global : il est la conséquence d'une pollution alarmante de notre atmosphère par des gaz à effet de serre.

Sommes-nous responsables du réchauffement actuel ?

Nous avons vu que la température moyenne de la Terre atteint 15 °C grâce au taux naturel des gaz à effet de serre — vapeur d'eau, dioxyde de carbone et méthane — que contient notre atmosphère. Or, la donne a récemment changé, en raison d'une injection massive de gaz supplémentaires par l'agriculture et l'industrie humaines.

Prédit dès le début des années 1900 par le prix Nobel Svante Arrhenius, modélisé par les chercheurs au début des années 1970, cet apport *anthropique* (dû à l'homme) de gaz à effet de serre devait déboucher sur un réchauffement perceptible de la Terre dès la fin des années 1980. C'est bien ce qui s'est passé, et précisément au rythme prévu par les calculs.

Depuis le début de l'ère industrielle, il y a un peu plus de deux siècles, le taux de dioxyde de carbone dans l'atmosphère a grimpé de 0,028 % à 0,038 %, soit une hausse de plus d'un tiers. C'est énorme : l'atmosphère terrestre n'a pas connu un tel taux de dioxyde de carbone depuis plusieurs *millions* d'années ! Le méthane, autre gaz à effet de serre que rejettent surtout la culture des rizières et l'élevage, a pour sa part doublé en deux siècles.

Suivant fidèlement cette hausse des émissions gazeuses, la température globale de la Terre a augmenté de 0,6 °C au cours du vingtième siècle. Cela paraît anodin, mais ça l'est beaucoup moins quand on sait que la différence de température entre une période glaciaire et une période interglaciaire, par exemple, n'est que de 5 °C. Nous sommes parvenus à générer plus de 10 % de ce chiffre en seulement deux siècles.

Et ce n'est pas terminé. Malgré les mesures prises pour juguler la pollution, le taux de dioxyde de carbone et de méthane continue à grimper. Selon le scénario retenu, le réchauffement au cours du siècle à venir devrait atteindre 1 °C, et plus de 6 °C dans l'hypothèse la plus défavorable.

Que cette hausse de température soit le fait de l'activité humaine ne fait plus l'ombre d'un doute. Les experts internationaux voient la signature de nos industries dans la composition du dioxyde de carbone qui s'amasse dans l'atmosphère. Quant à un rôle éventuel du Soleil, brandi comme cause alternative de réchauffement, il n'est pas convaincant. L'homme a perturbé le climat et doit désormais en payer les conséquences.

Le rôle du Soleil

Le Soleil connaît des variations de luminosité qui peuvent atteindre 0,3 à 0,4 %. On attribue notamment un refroidissement du globe à la fin du Moyen Âge, appelé minimum de Maunder, à une baisse d'activité de l'astre du jour : la température moyenne aurait chuté de 1 °C à 2 °C en Europe La luminosité aurait ensuite augmenté au cours des deux derniers siècles : on estime le réchauffement induit au niveau de la Terre à 0,12 W/m^2 (watts par mètre carré), alors que dans le même temps, l'effet de serre déclenché par les activités industrielles et agricoles de l'homme correspond à une hausse de 2,6 W/m^2, soit 20 fois plus. En d'autres termes, la part du Soleil dans le réchauffement climatique est estimée à moins de 5 %, et celle des activités humaines à plus de 95 %.

Quel avenir pour le climat ?

Le vingt-et-unième siècle sera un test décisif quant à la volonté et à la faculté de l'homme de prendre le climat de la Terre en main, et notamment de réduire ses émissions de gaz à effet de serre, afin d'éviter une spirale d'effets néfastes. Ceux-ci sont en effet nombreux : canicules plus fréquentes en zone sèche, précipitations plus importantes en zone humide, fonte des glaciers et de la banquise, élévation du niveau de la mer, extinctions accélérées d'espèces vivantes et chute de la biodiversité.

La hausse de température globale se manifestera par de plus grandes disparités régionales. Si l'Europe du Nord et la Russie peuvent se permettre cette hausse qui favorisera leur agriculture, l'Europe du Sud et le bassin Méditerranéen connaîtront de sévères vagues de sécheresse. En France, on prévoit que des canicules semblables ou supérieures à celle d'août 2003 auront bientôt lieu un été sur deux. Quant à l'Afrique, elle verra la surface de ses déserts et zones arides augmenter de plus de 5 % au cours du vingt-et-unième siècle.

Les zones naturellement pluvieuses connaîtront pour leur part une augmentation des précipitations, qui accablera des zones à mousson déjà sur le fil du rasoir. Les inondations seront d'autant plus redoutables qu'elles profiteront d'un niveau marin en hausse pour dévaster les régions côtières.

La hausse du niveau marin, due au réchauffement climatique, a été de 17 centimètres au cours du vingtième siècle, et son taux augmente pour dépasser aujourd'hui 3 millimètres par an. À ce rythme, on attend plus de 30 centimètres de hausse au vingt-et-unième siècle, les modèles les plus pessimistes avançant même le chiffre d'un mètre. C'est alarmant : au Bangladesh, par exemple, une hausse d'un mètre inonderait 20 % de la surface du pays, et à l'échelle de la planète, plus de 250 millions de personnes seraient touchés.

Pourquoi la mer monte

La hausse actuelle du niveau marin est de 3 millimètres par an, soit près d'un pied (30 centimètres) au cours d'une vie humaine. Cette hausse est due pour moitié à la dilatation thermique de l'eau, dont le volume augmente avec la température. La fonte des glaciers continentaux, dont l'eau se déverse en mer, est responsable de l'autre moitié.

Les glaciers de montagne fondent à vue d'œil : on estime que ceux des Pyrénées auront entièrement disparu avant 2050, et ceux des Alpes avant la fin du siècle. Beaucoup plus volumineuse, la calotte glaciaire du Groenland perd 100 milliards de tonnes de glace par an : sa débâcle représente à elle seule 10 % de la hausse observée du niveau des mers, soit 0,3 millimètre/an. Le potentiel du Groenland est d'ailleurs énorme : si sa calotte venait entièrement à fondre, le niveau marin grimperait de 7 mètres.

Encore plus impressionnant est le stock d'eau piégé en Antarctique. Pour l'instant, les précipitations neigeuses en altitude équilibrent les pertes, et le continent austral ne participe pas encore de façon significative à la hausse du niveau marin. Mais si le dérèglement climatique parvenait à faire fondre ses glaces, le niveau marin monterait de 60 mètres supplémentaires.

Dernier effet néfaste du changement climatique, et pas le moindre, le déclin de la biodiversité est d'ores et déjà catastrophique. Ajouté au stress de la pollution et au morcellement de l'habitat dû à l'agriculture et à l'urbanisation, la hausse de température est telle que les espèces végétales et animales n'ont pas le temps de migrer en latitude ou en altitude vers des zones qui leur conviennent. Les espèces les plus touchées sont les espèces montagnardes et polaires, mais les mers australes et surtout les barrières de corail — très sensibles à la température — souffrent aussi du réchauffement.

On estime ainsi que 20 % à 30 % de toutes les espèces du globe sont menacées d'extinction d'ici 2050. C'est dire que l'homme est responsable d'une extinction en masse du monde vivant, qui pourrait rivaliser avec les cinq grandes extinctions « naturelles » qui ont frappé la Terre au cours des 500 derniers millions d'années.

Que peut-on faire ?

Nous sommes responsables du réchauffement climatique, mais nous pouvons freiner sa hausse en limitant nos émanations gazeuses. C'est la signification de la large fourchette de pronostics pour l'élévation de la température au vingt-et-unième siècle : 6,7 °C si nous ne prenons pas de mesures antipollution et si la croissance de la population et de la consommation suivent des courbes débridées; mais seulement 1,1 °C si nous limitons sévèrement les émissions de dioxyde de carbone et de méthane, au point de les ramener aux valeurs de 1990.

Une meilleure gestion de la planète passe par une réduction de notre consommation d'énergie fossile (gaz, charbon, pétrole), responsable des émissions polluantes. Les États doivent privilégier les énergies renouvelables et non polluantes, comme l'énergie solaire et éolienne, Mais on peut le faire aussi à l'échelle individuelle, en choisissant des modes de transport appropriés, en isolant mieux nos habitations, et en faisant la chasse au gaspillage. C'est en effet à chaque citoyen de donner l'exemple. Nous sommes tous concernés par l'avenir de notre planète.

8

Le ciel va-t-il nous tomber sur la tête ?

Le Soleil va-t-il s'éteindre ou au contraire nous calciner ? Les étoiles peuvent-elles exploser et nous bombarder de rayons cosmiques ? Comment sont morts les dinosaures ? Sommes-nous percutés par des astéroïdes ? À quand le prochain impact ? Pouvons-nous nous protéger ?

La biosphère en danger

Née du cosmos, la Terre reste à la merci de son milieu. Impacts d'astéroïdes et de comètes, sautes d'humeur du Soleil, explosions d'étoiles proches sont invoqués pour expliquer les crises climatiques de la Terre et les grandes extinctions qui secouent périodiquement la biosphère. Les espèces vivantes se renouvellent constamment — c'est la routine de l'évolution — mais lors de ces « extinctions en masse », plus de 25 % des espèces disparaissent en un temps relativement bref. On parle de « grandes extinctions en masse » lorsque plus de 50 % des espèces passent à la trappe.

Il est probable que certaines de ces crises ont une origine purement terrestre, mais le fait qu'elles suivent une certaine périodicité — les crises se répétant tous les 25 à 30 millions d'années — évoque la possibilité d'une influence céleste, le cosmos étant connu pour ses mouvements périodiques. En tout état de cause, les chercheurs ont passé en revue les divers acteurs de notre environnement cosmique, à la recherche d'indices incriminants.

Est-ce que le Soleil nous menace ?

Le Soleil est une étoile et les astronomes savent bien que les étoiles ont parfois des vies tumultueuses et des changements de luminosité importants. Les astres les plus massifs brûlent leur hydrogène à grande vitesse et connaissent des spasmes violents au bout de quelques dizaines de millions d'années seulement, au point de vaporiser toute planète dans leur entourage.

Le Soleil, heureusement, n'est pas de ceux-là, sinon nous ne serions pas là pour en parler. Notre étoile est de taille et de luminosité plutôt modestes : on la classe dans la catégorie « G2 » d'étoiles jaunes, connues pour leur longévité et leur stabilité. Elle brûle son hydrogène à un rythme quasi constant depuis 4,6 milliards d'années, et on estime qu'elle continuera encore de la sorte 4 à 5 milliards d'années supplémentaires.

Cela étant, le Soleil connaît d'infimes variations, notamment un retournement de son champ magnétique tous les 11 ans, accompagné d'un changement de luminosité de l'ordre de 0,1 %, voire 0,2 à 0,3 % à certaines époques. Actuellement, cet ordre de grandeur n'est pas suffisant pour sérieusement perturber le climat.

Des sursauts de luminosité de l'ordre de 4 % sont bien observés chez d'autres étoiles de classe G2, et il n'est pas impossible que le Soleil leur ressemble un jour, ou les ait déjà imitées dans le passé. Mais ces variations sont rapides — leur période se mesure en années ou en décennies —, de sorte qu'à long terme elles s'annulent et ne devraient pas engendrer de dérive marquée du climat dans un sens ou dans l'autre.

Cette belle stabilité du Soleil prendra fin lorsqu'il aura épuisé son hydrogène et que son cœur s'effondrera sur lui-même, enclenchant une nouvelle séquence de réactions thermonucléaires. Son enveloppe de gaz incandescents se dilatera sur des dizaines de millions de kilomètres, se rapprochant dangereusement de la Terre. Alors nos océans se mettront à bouillir et la vie sera éradiquée de la surface du globe. L'échéance est toutefois si lointaine — plus de quatre milliards d'années — que l'on peut dire, à l'image des commentateurs sportifs : « mais ceci ne nous regarde pas ! ».

Sommes-nous à la merci d'une supernova ?

Les étoiles plus massives que le Soleil flambent la vie par les deux bouts et explosent après quelques millions d'années en une débauche d'énergie. On appelle ces flambées stellaires des *supernovae*, et parmi la centaine de milliards d'étoiles que compte notre Galaxie, on estime que deux ou trois supernovae doivent exploser chaque siècle. Une explosion visible à l'œil nu fut ainsi observée en 1987 dans la banlieue de la Voie Lactée, au sein du Grand Nuage de Magellan. Quant à la dernière supernova « *intra muros* », son rayonnement dut toucher la Terre vers 1870, mais suffisamment diminué par les nuages de gaz et de poussière sur son chemin pour passer inaperçu.

L'effet d'une telle explosion sur l'environnement terrestre dépend évidemment de sa proximité : plus elle est proche, plus nous recevons une section importante de son flux de rayonnements et de particules. Les chercheurs s'interrogent sur la dangerosité du phénomène et combien elle affecterait la vie terrestre.

Lors de son explosion, une supernova éjecte dans l'espace un flux de rayonnement intense durant plusieurs jours. La luminosité de l'étoile grimpe vertigineusement pour atteindre 10 millions de fois celle du Soleil et le flash n'est pas seulement lumineux : d'énergétiques rayons X et rayons gamma l'accompagnent en une vague qui rayonne à travers la Galaxie à la vitesse de la lumière. Un flot de particules — les rayons cosmiques — suit ce « tsunami » cosmique.

Lorsqu'elle atteint une planète comme la Terre, une telle vague de rayonnements excite les gaz de la haute atmosphère au point de détruire la couche d'ozone et d'exposer plantes et animaux à des doses élevées de rayons ultraviolets. Les chercheurs estiment que la « bulle » de rayonnements, qui s'étend et se « dilue » au fil du temps, peut détruire une couche d'ozone planétaire jusqu'à une distance d'environ 25 années-lumière de la supernova émettrice. Or, d'après le nombre d'étoiles dans notre entourage, un tel événement ne devrait affecter la Terre qu'une seule fois par *milliard* d'années. Nous pouvons donc dormir tranquilles.

C'est un peu moins vrai si l'on prend en compte des cataclysmes encore plus violents : les *hypernovae*. Ce sont des supernovae extrêmement massives — plus de 100 fois la masse du Soleil — qui sont rarissimes, mais qui se distinguent par des manifestations d'une violence inouïe. Leurs bouffées d'énergie sont émises le long de leur axe de rotation, concentrées comme le pinceau d'un phare.

Si on a la mauvaise idée de se trouver dans l'axe de la décharge, même à des milliers d'années-lumière, le flux de rayons gamma est proprement dantesque. Les chercheurs avancent que l'atmosphère terrestre s'illuminerait en un flash incandescent qui brûlerait tout à la surface du globe, dans le pire des cas.

La bonne nouvelle, c'est que d'après les statistiques, la Terre ne se trouverait dans le chemin d'un tel pinceau d'énergie qu'une fois tous les 200 millions d'années environ. Un tel événement serait donc cinq fois plus fréquent que les attaques de supernovae, mais toujours suffisamment improbable pour que l'on puisse négliger cette menace à l'échelle de notre histoire. La probabilité qu'une telle rafale de rayons gamma nous extermine dans les mille ans à venir n'est que d'une chance sur 200 000. Pas de quoi paniquer.

La fin des dinosaures : un impact cosmique ?

L'explosion d'une supernova à proximité de la Terre figura un temps dans la liste des suspects pour expliquer la disparition des dinosaures, il y a 65 millions d'années. Conscients que la crise avait été soudaine, incompatible avec la lenteur de la plupart des processus terrestres, certains chercheurs s'étaient tournés dans les années 1970 vers une explication cosmique. Ils avaient circonscrit le moment de la catastrophe à une mince couche d'argile — appelée « couche K-T » — qui sépare les derniers sédiments du Crétacé (K), riches en fossiles, des premiers sédiments de l'ère Tertiaire (T), où l'on note une chute dramatique de la biodiversité.

Une équipe américaine dirigée par le jeune géologue Walter Alvarez et son prix Nobel de père, Luis Alvarez, entreprit d'analyser cette argile à la recherche d'atomes rares — notamment du plutonium 244 — qu'une supernova y aurait implanté, si elle était coupable. Les chercheurs ne trouvèrent pas trace de ce plutonium, ce qui excluait l'hypothèse d'une supernova. En revanche, ils trouvèrent dans l'argile une concentration élevée d'iridium — un métal rare de la famille du platine — et d'autres éléments rarissimes à la surface de la Terre, mais plus courants dans les météorites.

Après moult réflexions, l'équipe des Alvarez publia en 1980 un article fracassant, au sens propre du terme, posant l'hypothèse que l'iridium dispersé tout autour du globe dans l'argile témoin provient de l'impact d'un astéroïde avec la Terre. D'après la concentration d'iridium, ils estimèrent le diamètre du bolide à 10 kilomètres : le choc aurait creusé quelque part sur Terre un cratère de 200 kilomètres de diamètre.

La beauté de la théorie, comme pour toute théorie qui se respecte, est qu'elle prévoit ce qu'il faut trouver pour la confirmer, à savoir des preuves supplémentaires d'impact dans l'argile, et bien sûr le cratère lui-même.

Les confirmations n'ont pas tardé. Outre des sphérules de verre et des cristaux de fer-nickel imputables à un impact, on a trouvé dans l'argile K-T des grains de quartz fortement « choqués », déformés par des pressions que seules les explosions thermonucléaires et les impacts cosmiques peuvent engendrer.

Cerise sur le gâteau, le cratère lui-même fut découvert en 1991, enseveli sous plus de 1 000 mètres de sédiments calcaires, dans le nord du Yucatan au Mexique. Baptisé Chicxulub, le bassin d'impact mesure comme prévu 200 kilomètres de diamètre, est daté d'exactement 65 millions d'années, et possède les mêmes caractéristiques chimiques que les débris disséminés autour de la Terre dans l'argile K-T.

Les autres hypothèses

De nombreuses hypothèses furent avancées pour expliquer la mort des dinosaures et de tant d'autres espèces (75 % de la biosphère) à la fin du Crétacé. Certains paléontologues évoquèrent notamment une baisse du niveau marin à l'époque. Mais en quoi pouvait-elle affecter les animaux terrestres ?

Aucune de ces théories ne s'appuyait sur des preuves tangibles et aucune ne donnait satisfaction, jusqu'à ce que l'hypothèse d'un impact cosmique soit soulevée.

Dans l'objectif de contrer celle-ci, plusieurs chercheurs en France et aux États-Unis émirent une antithèse, à savoir qu'un volcanisme vigoureux en Inde à cette époque (trapps du Deccan) aurait déstabilisé l'écosystème au point de déclencher l'extinction en masse. Ils avançaient que les indices relevés dans l'argile K-T – iridium, sphérules de verre, cristaux de fer-nickel et quartz choqués – trahissaient une éruption volcanique et non un impact cosmique. Toutefois, il fut démontré au cours des années 1980 que ces indices sont bien cosmiques, et impossibles à reproduire par des éruptions.

La découverte en 1991 du cratère d'impact du Chicxulub au Yucatan mit un point final à la controverse, sauf en France où les tenants du volcanisme pensent toujours que les éruptions du Deccan et leurs éventuelles perturbations climatiques ont joué un rôle, en fragilisant l'écosystème avant l'impact de l'astéroïde. Toutefois, aucune preuve ne soutient cette nouvelle variante de leur scénario.

Comment un impact peut-il détruire l'écosystème ?

On peut s'étonner qu'un « rocher » de dix kilomètres de diamètre puisse exterminer les trois quarts du monde vivant. C'est la vitesse du projectile qui donne à l'impact tout son mordant, selon la formule consacrée de l'énergie cinétique $E = 1/2\, m\, v^2$, où m est la masse du projectile et v^2 sa vitesse élevée au carré. Or, un astéroïde qui percute la Terre possède une vitesse relative de 20 kilomètres par seconde en moyenne : pour un bloc de 10 kilomètres de diamètre, cela représente une énergie de collision équivalente à 100 millions de mégatonnes de TNT, soit cinq milliards de fois la bombe d'Hiroshima !

Lors de l'impact qui massacra les dinosaures, l'astéroïde souffla en moins d'une seconde la basse atmosphère, et chassa en un centième de seconde les quelque 100 mètres d'eau qui recouvrent le Yucatan à l'époque — bonjour le tsunami ! — avant de percuter le sol. L'impact pulvérisa la croûte terrestre en un trou béant d'une trentaine de kilomètres de profondeur et d'une centaine de kilomètres de large, qui s'évasa par effondrements en une structure deux fois plus large en l'espace de quelques minutes.

Les roches au point zéro furent vaporisées en une trombe de gaz chaud qui fusa vers le ciel, entourée d'une gerbe de roche fondue et d'une couronne extérieure de roches fracassées partant dans toutes les directions comme des missiles. Ces blocs retombèrent partout sur Terre, le bombardement étant maximal autour du Yucatan, ainsi qu'aux antipodes du point zéro, dans l'océan Indien. Aucune région ne fut épargnée.

Or, cette retombée de blocs rocheux à des vitesses supersoniques embrasa l'atmosphère par friction, le ciel s'illuminant comme un grill pour chauffer le sol à plus de 400 °C durant plusieurs minutes, d'après les simulations par ordinateur. Et encore s'agit-il d'une température moyenne, des valeurs beaucoup plus élevées étant calculées autour du point zéro et dans l'océan Indien. Sur les continents, de nombreuses forêts ont brûlé : certains chercheurs ont même identifié leur suie de combustion dans la couche K-T. Ainsi peut-on spéculer qu'un grand nombre de dinosaures sont morts carbonisés.

Second effet dévastateur pour la biosphère, la poussière de roche soulevée par l'impact et la suie des feux de forêt ont obscurci l'atmosphère au point d'envelopper la Terre dans une nuit noire, plusieurs semaines d'affilée. Le coup d'arrêt porté à la photosynthèse a massacré les plantes terrestres et le plancton des océans, entraînant irrémédiablement l'effondrement de la chaîne alimentaire tout entière.

Le refroidissement dû à cette obscurité fut lui-même brutal : les chercheurs estiment que la chute de la température globale de la Terre a été de 5 à 10 degrés Celsius — soit la même différence qu'entre une période interglaciaire et une période glaciaire —, et beaucoup plus encore au cœur des continents. Ce coup de froid aurait perduré plusieurs années, car des aérosols sulfatés, connus pour réfléchir la lumière solaire, furent produits en masse, la roche vaporisée du Yucatan étant particulièrement riche en soufre. Pluies acides et métaux toxiques, dissous par le ruissellement des eaux, ont conclu cet Armageddon cosmique.

Sommes-nous encore frappés par des astéroïdes ?

Oui ! De nombreux projectiles errent autour de la Terre — astéroïdes et comètes — et les collisions sont inévitables. Les petits projectiles sont plus nombreux que les gros et, à force d'observations, les astronomes ont une bonne idée de leur distribution.

Les particules de la taille de grains de sable et de cailloux bombardent la Terre tous les jours. Ce sont les étoiles filantes et on estime qu'il en tombe chaque année plusieurs dizaines de milliers de tonnes : de quoi remplir un supertanker pétrolier.

Les satellites espions, conçus à l'origine pour surprendre les essais nucléaires des pays rivaux, détectent les flashes lumineux des objets plus gros qui explosent dans la haute atmosphère : plusieurs blocs de la taille d'une voiture (3 mètres) s'y désintègrent tous les mois, et des blocs de la taille d'une maison (10 mètres) une fois par an en moyenne. De tels blocs décamétriques explosent à plusieurs dizaines de kilomètres d'altitude avec une énergie comparable à celle d'une bombe atomique d'une mégatonne. La plupart, au-dessus des océans et des zones désertes, restent inaperçus. Mais de temps en temps, ils font le « show » à la verticale d'une région habitée, comme au-dessus du village de Dubbo en Australie en avril 1993, ou de Whitehorse dans le Yukon canadien le 18 janvier 2000, illuminant la nuit comme en plein jour.

Parfois, un fragment de plusieurs tonnes survit à sa traversée de l'atmosphère et percute le sol. Il en résulte un cratère de plusieurs mètres à plusieurs dizaines de mètres de diamètre, comme celui creusé dans les hauts plateaux péruviens, le 16 septembre 2007. Large de 20 mètres et profond de sept, ses vapeurs de roche fondue ont fortement incommodé les habitants accourus sur les lieux de l'impact.

Plus rares sont les rencontres avec des morceaux d'astéroïde ou de comète d'une cinquantaine de mètres de large : la taille d'un immeuble. Leurs frappes ont lieu tous les quelques siècles, de sorte que nous en avons observé plusieurs au cours de l'histoire humaine, le dernier en date ayant frappé la Sibérie le 30 juin 1908. De tels bolides pénètrent profondément l'atmosphère et explosent à faible altitude — moins de dix kilomètres — avec des puissances de l'ordre de 10 mégatonnes de TNT, ce qui a le pouvoir de souffler et de calciner le sol sur une surface comparable à celle de la région parisienne. Heureusement, ces explosions sont suffisamment rares et la Terre suffisamment vaste pour qu'aucune zone peuplée n'ait été touchée jusqu'à présent.

L'impact de Toungouska

Le 30 juin 1908, à 7 h 17 du matin heure locale, les passagers du train Transsibérien furent surpris par une lumière éblouissante qui embrasa l'horizon nord au-dessus de la Sibérie, et violemment secoués par l'onde de choc quelques secondes plus tard.

Sur les lieux même de l'impact, la forêt fut soufflée sur 2 000 kilomètres carrés – la superficie de l'Ile-de-France – et les arbres calcinés près du point zéro. Comme la zone était inhabitée, on ne déplore que deux victimes : deux éleveurs de rennes qui transitaient avec leur troupeau à proximité du site. Toutefois, si l'impact avait touché une grande ville, il aurait fait des millions de victimes.

L'absence de cratère au sol, la disposition radiale des 80 millions d'arbres abattus, et les quelques témoignages oculaires recueillis permettent d'attribuer l'explosion à un bolide d'une vingtaine à une trentaine de mètres de taille, qui se serait désintégrée dans l'atmosphère vers six à sept kilomètres d'altitude et aurait propagé vers le sol une boule de feu et une onde de choc comparables à celle d'une explosion de cinq à dix mégatonnes de TNT – du même ordre de grandeur que nos plus puissantes bombes thermonucléaires. Les planétologues estiment que de tels impacts ont lieu sur Terre une fois tous les deux ou trois siècles.

Quelle est la probabilité d'un nouvel impact meurtrier ?

En continuant à grimper dans l'échelle des tailles, les astéroïdes et comètes de 100 mètres de diamètre ne percutent la Terre qu'une fois tous les 1 000 ou 2 000 ans. Elles creusent un cratère de plus d'un kilomètre de diamètre et leur force de frappe (100 mégatonnes) ravage une surface de la taille d'un département français : une dizaine de milliers de kilomètres carrés. Le Meteor Crater de l'Arizona, âgé de 50 000 ans, en est l'un des plus beaux exemples.

À partir de 500 mètres de diamètre, un astéroïde creuse au sol un cratère de 10 kilomètres de diamètre et affecte toute une région, leur fréquence d'impact étant d'une collision tous les 100 000 ans. C'est dire qu'une telle catastrophe régionale est peu probable, mais pas impossible à l'échelle de la civilisation humaine : une chance sur dix au cours des prochains 10 000 ans.

C'est à partir d'une taille de projectile de 1 500 mètres (cratère de 20 à 30 kilomètres de taille et puissance de 100 000 mégatonnes de TNT) que les experts estiment que non seulement la région cible est entièrement dévastée sur 1 000 kilomètres de rayon, mais que la population mondiale souffrirait d'un désordre climatique, le bilan se chiffrant probablement en centaines de millions de victimes, voire plus d'un milliard. Une telle collision surviendrait une fois tous les 500 000 ans.

Enfin, les astéroïdes et comètes approchant 5 000 mètres de taille, creusant des cratères au sol de 100 kilomètres de diamètre et libérant des énergies de 10 millions de mégatonnes, ne surviennent qu'une fois tous les 10 millions d'années. C'est à partir de cette taille que non seulement notre civilisation serait anéantie, mais que de nombreuses espèces vivantes pourraient disparaître, y compris l'espèce humaine.

Tout en haut de l'échelle, les projectiles cosmiques de 10 kilomètres de taille sont encore plus rares, libérant une énergie de 100 millions de mégatonnes et creusant des cratères de près de 200 kilomètres de large, comme ce fut le cas pour la fin des dinosaures. Leur fréquence est d'un impact tous les 100 millions d'années.

À la lecture de ces probabilités, il ressort qu'un impact capable de causer une extinction en masse des espèces vivantes n'a qu'une chance sur un million de se produire au cours du prochain siècle. On peut donc respirer. En revanche, les petits impacts à effet local ou régional sont suffisamment fréquents pour qu'on les prenne au sérieux et qu'on surveille le ciel de près.

Où sont tous les cratères d'impact sur Terre ?

Les probabilités d'impact sont estimées en recensant la population d'astéroïdes et de comètes autour de la Terre, ainsi qu'en dénombrant les cratères d'impact qu'ils ont laissé sur la Terre et sur la Lune.

La Lune est un véritable musée des impacts, car l'absence d'atmosphère et d'érosion préserve leurs cicatrices. Il suffit de regarder la Lune aux jumelles pour se rendre compte du nombre de collisions cumulées sur des milliards d'années. Étudier les cratères sur Terre est plus difficile, car d'une part deux impacts sur trois ont lieu en mer (seuls les plus gros transpercent la couche d'eau pour laisser une trace sur les fonds abyssaux), et d'autre part ceux creusés sur les continents sont attaqués par l'érosion ou ensevelis sous les sédiments.

Sans ce travail d'effacement, on trouverait sur Terre plusieurs *millions* de cratères kilométriques, plusieurs dizaines de milliers de cratères de taille supérieure à 10 kilomètres, et plusieurs centaines dépassant 100 kilomètres de diamètre. Ce n'est clairement pas le cas, preuve de l'implacable action de l'érosion.

En date de 2008, on ne recense ainsi que 175 cratères d'impact sur Terre, toutes tailles confondues, dont cinq seulement atteignent ou dépassent 100 kilomètres de diamètre : Manicouagan (100 km) au Québec, Popigai (100 km) en Russie, Chicxulub (200 km) au Yucatan, Sudbury (250 km) en Ontario, et Vredefort (300 km) en Afrique du Sud. Les deux derniers sont âgés de deux milliards d'années : seule leur grande taille et la déformation de la croûte terrestre en profondeur font que leurs cicatrices sont encore visibles aujourd'hui.

Environ 70 cratères mesurent entre 10 km et 100 km de diamètre. Ils affichent des formes variées. Celui de Mistastin (28 km) au Labrador est occupé par un lac et son piton central émerge sous forme d'île. À Gosses Bluff (22 km) en Australie, le rebond central prend la forme d'une couronne déchaussée par l'érosion, du plus bel effet. Quant au jeune cratère du Ries (22 km) en Allemagne, qui n'a qu'une quinzaine de millions d'années, il garde encore la forme d'une cuvette : autrefois occupé par un lac, ses terres fertiles en font une région agricole réputée.

Les petits cratères d'un kilomètre ou moins, qui devraient être les plus nombreux, sont en fait rarissimes — une vingtaine seulement — car particulièrement sensibles à l'érosion. Seuls les plus jeunes sont encore intacts, comme le spectaculaire Meteor Crater de l'Arizona, âgé de 50 000 ans.

Quant aux cratères sous-marins, on commence à les recenser grâce aux profils sismiques et aux carottages effectués par les navires de recherche, lorsque l'eau n'est pas trop profonde. On connaît ainsi la structure sous-marine de Mjölnir (40 km) au large de la Norvège, de Woodleigh (40 km) au large de l'Australie, de Montagnais (45 km) sur le plateau continental canadien, et de Chesapeake Bay (90 km) en aval de Washington, pour ne citer que les principaux.

Comment reconnaître un cratère d'impact ?

Les spécialistes suivent des règles très strictes pour authentifier les cratères d'impact. Un relief en cuvette est loin d'être suffisant, car une foule de phénomènes beaucoup plus probables créent des reliefs circulaires : cratères volcaniques, effondrements calcaires, bassins sédimentaires. À l'inverse, de nombreux cratères d'impact ont perdu leur forme circulaire en raison de l'érosion ou d'une déformation tectonique.

Les indices que recherchent les géologues sont plutôt les déformations cristallines que seules les hautes pressions d'un impact (ou d'une explosion nucléaire) peuvent engendrer autour du point zéro, notamment les dislocations du quartz ou du feldspath en lamelles qui se recoupent selon des angles caractéristiques (minéraux « choqués »). Un autre indice est la recristallisation du quartz en formes compactes appelées *coésite* et *stishovite*.

À plus grande échelle, des roches proches du point zéro peuvent porter des striations en forme de queue-de-cheval, formées par l'onde de choc : on a les appelés « cônes de percussion » ou *shatter cones* en anglais. Enfin, des *fontes d'impact* ressemblant à des laves, et des *brèches d'impact* réunissant des fragments de roche fracassée, peuvent être reconnues sur la foi de leur composition minérale et chimique particulière.

La France a-t-elle été touchée ?

Oui, à de nombreuses reprises. Les probabilités nous enseignent qu'une surface d'un demi-million de kilomètres carrés, à l'instar de la France, subit la frappe d'un petit astéroïde de 50 mètres — capable de créer un cratère d'un kilomètre de taille —, une fois tous les millions d'années en moyenne. C'est suffisamment rare pour en déduire que notre espèce *Homo sapiens* n'a sans doute jamais assisté à un tel phénomène depuis son entrée en France, il y a moins de 50 000 ans. Cela étant, notre territoire a dû essuyer plusieurs centaines de ces collisions au cours des derniers 500 millions d'années de son histoire. Toutefois, leurs cratères furent trop petits et trop peu profonds pour résister à l'érosion, et pour l'instant nous n'en avons pas retrouvé la trace.

Plus difficiles à effacer du paysage mais beaucoup moins fréquents, les impacts d'astéroïdes de 1 000 mètres de taille, qui laissent au sol des cratères de 20 kilomètres de diamètre et dévastent l'écosystème d'un pays entier, ont dû toucher une surface grande comme la France une fois seulement en 500 millions d'années.

Fidèle au pronostic, on trouve effectivement en France la cicatrice d'une telle collision. Elle encercle le village de Rochechouart en Haute-Vienne, à mi-chemin entre Poitiers et Limoges. L'impact est daté à 214 millions d'années, et l'érosion a eu le temps de raboter le relief du cratère. Vous ne verrez donc pas de cuvette dans le paysage. En revanche, les roches locales fracassées et fondues par le bolide sont encore présentes, et vu leurs belles couleurs — vert, rouge et violet —, elles ont été utilisées comme pierres de taille : on peut les admirer au flanc de l'église et du château de Rochechouart, dans les thermes romains de Chassenon, et dans de nombreuses fermes et bâtisses alentours.

Les premiers dinosaures français et autres reptiles de l'époque ont dû être massacrés par l'onde de choc, et les forêts soufflées et calcinées sur la majeure partie du territoire. Mais ce genre de cataclysme est suffisamment rare pour que nous n'ayons pas à le redouter à l'échelle de la civilisation humaine. Ce qui nous concerne beaucoup plus, ce sont les petits impacts qui frappent tous les millions d'années et peuvent dévaster l'équivalent d'une ville ou d'un département. Si la France, on l'a dit, n'a sans doute pas été touchée depuis l'arrivée sur ses terres d'*Homo sapiens*, la probabilité d'un « carton » à l'avenir est loin d'être nulle : une chance sur 10 000 au cours du siècle à venir. C'est à peu près la même probabilité que de parier sur une course de chevaux et d'avoir le quadruplé dans l'ordre. C'est-à-dire peu probable, mais pas impossible…

Peut-on détecter les astéroïdes menaçants ?

Oui. Nous avons aujourd'hui les moyens de prévoir les prochains impacts en scrutant le ciel au télescope et en calculant la trajectoire des astéroïdes menaçants.

Ces astéroïdes, des blocs errants qui datent de l'origine du Système Solaire, sont cantonnés loin de la Terre pour la plupart, entre les orbites de Mars et de Jupiter. Les astronomes en ont répertorié près de 400 000 en date de 2008, et on estime qu'il en existe plusieurs millions qui dépassent un kilomètre de taille. Tant qu'ils restent entre Mars et Jupiter, à des centaines de millions de kilomètres de la Terre, nous ne sommes pas concernés. Toutefois, le puissant champ de gravité de Jupiter perturbe leurs orbites, au point d'en déloger certains et de les précipiter sur des trajectoires excentriques qui se rapprochent dangereusement de l'orbite terrestre, voire qui la croisent directement. On appelle ces objets des « NEO » (*Near Earth Objects*) ou bien des *géocroiseurs* selon la formule consacrée en français.

Le premier de ces astéroïdes menaçants, baptisé Apollo et mesurant près de deux kilomètres de taille, fut découvert en 1932. Depuis, la liste ne cesse de grandir : 12 objets de taille kilométrique (ou plus) en 1950, près de 100 en 1990, 400 en l'an 2000 et plus de 700 en 2008. Leur nombre total ne devrait pas dépasser 1200, de sorte que leur recensement est proche de 60 % et devrait se conclure au cours des prochaines décennies.

La bonne nouvelle, c'est qu'aucun de ces « missiles » de taille kilométrique, capables de ravager un pays et de plonger la civilisation humaine dans le chaos, ne frappera la Terre dans un avenir prévisible. L'un des objets les plus menaçants de cette catégorie est l'astéroïde Toutatis, découvert par les astronomes français Christian Pollas et Alain Maury, et qui a reçu le nom du dieu gaulois : que le ciel ne nous tombe pas sur la tête ! Le 29 septembre 2004, il est passé à 1,6 million de kilomètres de la Terre, ce qui semble beaucoup mais ne représente que quatre fois la distance Terre-Lune. La Terre couvre cette distance sur son orbite en une quinzaine d'heures : c'est dire que le timing d'une collision tient à peu de chose.

Dans la catégorie des projectiles de moins d'un kilomètre de taille, la population des géocroiseurs est beaucoup plus importante et leur détection plus difficile, car ils sont moins brillants que les gros. On estime leur nombre à près de 500 000, et en date de 2008, les astronomes en ont identifié à peine plus de 5000, soit 1 % seulement du total ! Il reste du travail à faire, mais le rythme des découvertes va croissant et près d'un millier de nouveaux projectiles est recensé chaque année. Si l'accélération des découvertes continue, les astronomes pourront recenser la majorité de ces petits géocroiseurs avant la fin du siècle.

Comment reconnaître un astéroïde « géocroiseur » ?

Les astronomes détectent les astéroïdes en photographiant le ciel nocturne à plusieurs jours d'intervalle et en identifiant les points lumineux qui ont bougé entre-temps, à la différence des étoiles fixes, ce qui prouve qu'ils sont en orbite autour du Soleil.

Les astéroïdes identifiés sont alors la cible d'observations complémentaires au télescope et au radar, visant à déterminer plus précisément leur orbite. Au bout de plusieurs jours, les astronomes disposent de suffisamment de données pour définir un segment de trajectoire autour du Soleil et calculer si celle-ci recoupe l'orbite terrestre, ou a le potentiel de le faire à l'avenir si la trajectoire évolue.

À cause de leur faible masse, les astéroïdes sont en effet très sensibles au champ de gravité des planètes qu'ils croisent – comme la Terre, Mars et Jupiter –, et leur orbite change légèrement à chaque rencontre. C'est pourquoi les astronomes doivent mettre à jour régulièrement leurs paramètres orbitaux et leurs probabilités de collision avec la Terre.

Un passage menaçant en 2036

Parmi les quelque 5 000 petits géocroiseurs recensés aujourd'hui — série en cours —, aucun ne se trouve actuellement sur une trajectoire de collision avec la Terre. Mais certains flirtent dangereusement avec la limite.

C'est le cas de l'astéroïde Apophis, découvert en 2004, qui mesure 300 mètres de taille et qui a donc le potentiel de détruire une région entière ou de soulever un tsunami s'il percute un océan. Lors de sa découverte, un premier calcul de trajectoire avait conduit les astronomes à estimer à 2,7 % — une chance sur 40 environ — sa probabilité de collision avec la Terre le 13 avril 2029 (les superstitieux relèveront qu'il s'agit d'un vendredi 13). Toutefois, comme c'est souvent le cas dans ce genre de découverte, une révision ultérieure de son orbite a réduit à zéro la probabilité de collision ce jour-là. Aux dernières nouvelles, Apophis passera à 30 000 kilomètres de la Terre, au-dessus de l'Atlantique Sud. Il sera visible à l'œil nu sous la forme d'un astre de magnitude 3 — comparable en éclat à une étoile de la Grande Ourse —, traversant le ciel à la vitesse d'une minute d'arc par seconde, c'est-à-dire deux fois le diamètre apparent de la Pleine Lune en l'espace d'une minute.

Si Apophis n'a aucune chance de nous percuter en 2029, il faudra attendre son passage au large de la Terre ce jour-là pour voir comment notre champ de pesanteur affectera la trajectoire de l'astéroïde, car il effectuera un nouveau survol de notre planète sept ans plus tard, le 13 avril 2036. Selon les estimations actuelles, ce passage devrait lui aussi être bénin — seulement une chance sur 45 000 de collision —, mais beaucoup de choses peuvent se passer d'ici là. Les perturbations causées par d'autres astéroïdes encore inconnus, ou la poussée du rayonnement solaire sur la surface d'Apophis, peuvent faire varier sa trajectoire suffisamment au cours des prochaines décennies pour changer la distance du survol, en bien ou en mal.

Peut-on intercepter un astéroïde ?

Apophis, comme l'immense majorité des géocroiseurs, a une probabilité négligeable de percuter la Terre dans un avenir prévisible. Mais le jour viendra quand un petit astéroïde sera identifié sur une trajectoire de collision quasiment inévitable avec la Terre, et le moment sera venu d'agir.

L'humanité dispose en effet de moyens pour se défendre, à commencer par ses armes nucléaires. Il ne s'agit pas de pulvériser l'astéroïde en y plantant une bombe, comme le font Bruce Willis et son équipe dans le film *Armageddon*. C'est fortement déconseillé, car on risque ainsi de faire éclater l'astéroïde en une flopée de projectiles plus petits, et de devoir multiplier les interventions.

Une meilleure méthode consiste à détonner une bombe nucléaire *au-dessus* de l'astéroïde, à quelques centaines de mètres d'altitude, de façon à l'arroser d'un flux de neutrons qui lui imprime une poussée uniforme, de façon à modifier sa trajectoire. Changer la vitesse de l'astéroïde de plusieurs centimètres par seconde, ce qui est à la portée de telles détonations, entraînerait au bout d'une année une déviation de l'ordre de plusieurs milliers de kilomètres. C'est dire qu'en agissant une ou deux années à l'avance, on peut aiguiller un astéroïde sur une trajectoire inoffensive.

Depuis l'élaboration de ces premiers scénarios nucléaires, les ingénieurs ont imaginé d'autres techniques plus douces. On peut par exemple déployer sur l'astéroïde une fine pellicule de matériau réfléchissant — aluminium ou mylar — afin que la réflexion accrue du rayonnement solaire lui procure une force de réaction et un changement de trajectoire. On calcule ainsi qu'une voile de 50 mètres de côté, plus petite qu'un terrain de football, serait suffisante pour dévier un astéroïde de la taille d'Apophis de plusieurs dizaines de kilomètres par an. C'est dire qu'il faudrait s'y prendre une bonne quinzaine d'années à l'avance pour atteindre 6 000 à 7 000 kilomètres de déflexion, nécessaires pour décaler l'astéroïde d'un rayon terrestre — la différence entre un impact et un survol inoffensif. Cela étant, il ne faudra pas se louper.

Sommes-nous des extraterrestres ?

Les impacts cosmiques soulèvent une dernière question, que ne manqueront pas de nous poser les extraterrestres de notre cocktail cosmique, rencontrés au début de notre récit. Sommes-nous sûrs d'être natifs de la Terre ? L'espèce humaine l'est sans aucun doute — n'en déplaise aux sectes dont les membres se croient descendus du ciel —, mais les bactéries et autres formes de vie primitives par lesquelles tout a commencé ? La vie dans notre Système Solaire n'aurait-elle pas pu démarrer sur Mars par exemple, plutôt que sur la Terre, avant d'être « exportée » sur notre planète ?

Cette réflexion prend tout son sens lorsque l'on considère un dernier aspect des impacts cosmiques : leur éjection de fragments rocheux et des éventuelles formes de vie qu'ils contiennent, d'une planète à une autre. Si un gros impact vaporise sa cible à proximité du point zéro, les roches en périphérie fusent vers le ciel sans être détruites. Elles subissent une accélération vertigineuse, mais supportable par des bactéries : des tests au laboratoire le prouvent.

Or ces roches éjectées dans l'espace sont autant d'arches de Noé célestes, avec leur cargaison de bactéries. Celles-ci sont connues pour résister au vide et aux rayons cosmiques, dans la mesure où elles sont logées à l'intérieur de la météorite porteuse et protégées des rayonnements nocifs en surface. De même, elles sont insensibles à la décélération et à l'échauffement superficiel de la météorite, lorsque celle-ci rencontre une autre planète dans sa ronde autour du Soleil et vient à y tomber.

Mars et la Terre ont ainsi échangé de nombreux échantillons au cours de leur histoire : on a déjà ramassé sur Terre une cinquantaine de météorites qui proviennent de Mars, et il en tombe chaque année. Quelle ironie du sort, si la vie était née sur Mars, plutôt que sur la Terre, avant d'y être implantée par des météorites !

C'est juste pour rire, nous rassure notre interlocuteur cosmique devant notre mine déconfite. Déjà que le monde ne tourne pas autour de nous, il serait cuisant que la vie terrestre ne soit même pas autochtone et originale, mais plutôt un arrivage d'immigrés clandestins. La question prouve en tout cas que nous avons fait du chemin dans notre perception de la Terre et de nos origines. Et nous sommes loin d'être au bout de nos surprises.

Glossaire

Année-lumière Unité de longueur astronomique qui correspond à la distance parcourue par la lumière dans le vide en une année, soit 9 460 milliards de kilomètres.

Caldeira Effondrement circulaire du sommet d'un volcan, causé par la vidange du **magma** souterrain lors d'une éruption.

Chambre magmatique Volume souterrain occupé par du **magma** et qui se situe souvent dans un volcan ou sous celui-ci.

Chevauchement Disposition d'une couche rocheuse qui a glissé sur le dos d'une autre, le long d'un plan de faille, lors d'un processus de compression.

Cratère Dépression circulaire résultant soit d'une éruption volcanique (cratère de volcan), soit de l'impact d'un astéroïde ou d'une comète (cratère d'impact).

Crétacé Période géologique qui débute il y a 145 millions d'années et s'achève il y a 65 millions d'années par une extinction en masse des espèces vivantes (crise « K-T »).

Croûte terrestre Couche superficielle de la Terre, épaisse de plusieurs kilomètres à plusieurs dizaines de kilomètres, composée de roches riches en silice et en aluminium, et qui surplombe le **manteau,** dont les roches sont plus riches en fer et en magnésium. La croûte est comprise dans la **lithosphère**, qui est l'écorce rigide de la Terre.

Doppler-Fizeau (effet —) Changement apparent de la longueur d'onde d'un rayonnement, lorsque sa source est en mouvement par rapport à l'observateur. La lumière d'un astre est ainsi décalée vers le bleu lorsqu'il se rapproche, vers le rouge lorsqu'il s'éloigne.

Dorsale médio-océanique Relief linéaire sous-marin qui résulte du gonflement thermique de la **croûte** océanique, envahie par du magma chaud. En extension, les dorsales présentent souvent un affaissement axial (**rift**) à leur sommet.

Effet de serre Hausse de la température d'un milieu, lorsque celui-ci est transparent au rayonnement qui le pénètre (comme la lumière du Soleil), mais opaque au rayonnement qui tente d'en repartir (rayonnement infrarouge), d'où une accumulation de chaleur.

Exoplanète Planète orbitant autour d'une étoile autre que le Soleil.

Extinction (d'une espèce) Disparition d'une espèce vivante, lorsque tous ses individus périssent. Lorsque de nombreuses espèces disparaissent simultanément, dans un intervalle de temps relativement court, on parle d'*extinction en masse*.

Fosse (marine, de subduction) Enfoncement topographique du fond marin, le long d'un continent ou d'un archipel d'îles, qui trahit la descente d'une **plaque tectonique** sous une autre, dans le **manteau** sous-jacent (processus de **subduction**).

Galaxie Ensemble de plusieurs milliards d'étoiles, de gaz et de poussière, liés entre eux par leur force de gravitation. Lorsque le mot s'écrit avec une majuscule (*La Galaxie*), il s'agit de la galaxie à laquelle appartient le Soleil et que l'on nomme aussi *La Voie Lactée*.

Géocroiseur Astéroïde ou comète dont la trajectoire croise — ou peut croiser à l'avenir — celle de la Terre et mener ainsi à une collision.

Géoïde Forme géométrique de la Terre, déterminée par son champ de gravité, qui n'est pas une sphère parfaite, mais est légèrement aplatie aux Pôles et possède des creux et des bosses.

Gneiss Roche *métamorphique* (qui s'est transformée sous forte température et pression) et qui présente souvent une texture bandée — alternance de minéraux sombres et clairs.

Lithosphère Couche externe, solide et rigide de la Terre. Épaisse d'une centaine de kilomètres, elle comprend la **croûte terrestre** et le sommet du **manteau** sous-jacent. Elle est découplée de la partie inférieure du manteau, plus chaude et plus molle, et est découpée en une douzaine de grandes **plaques tectoniques**.

Magma Matériau minéral fondu, composé de liquide, de cristaux solides en suspension, et de gaz en solution, et qui en se refroidissant donne une roche **plutonique** (en profondeur) ou une lave volcanique en surface.

Nappe Ensemble de couches rocheuses qui ont lentement glissé sur les couches sous-jacentes sur plusieurs kilomètres, lors du rehaussement et du basculement de l'ensemble, notamment lors de la formation d'une chaîne de montagnes.

Nuée ardente Lors d'une éruption volcanique riche en gaz, avalanche de gaz, cendres et blocs à haute température sur le flanc du volcan.

Panache Remontée de roche chaude (donc moins dense) à travers le **manteau** et qui se manifeste en surface par un volcanisme de **point chaud**.

Planétoïde Lors de la formation d'un système planétaire (comme le Système Solaire), objet formé de roches amalgamées qui atteint plusieurs centaines à plusieurs milliers de kilomètres de taille. Les planétoïdes entrent en collision pour former les planètes.

Plaque tectonique Large fragment de la **lithosphère** qui est séparée des autres par des failles. La taille d'une plaque peut augmenter si des laves lui sont rajoutées le long d'une frontière, ou diminuer si elle s'enfonce sous une autre — géométrie variable qui est responsable de la *dérive des continents*.

Plutonique Se dit d'une roche ou d'un processus souterrain. À l'inverse d'une roche volcanique, qui se solidifie à l'air libre ou sous l'eau, une roche plutonique cristallise en profondeur (exemple : *le granite*).

Point chaud Expression superficielle de la remontée d'un **panache** de roche chaude à travers le **manteau**, et qui se caractérise en surface par un volcanisme abondant (**trapp**, chaîne de volcans).

Pulsar Étoile massive qui s'est effondrée sur elle-même en un corps dense, en rotation très rapide sur lui-même, et dont le rayonnement radio balaye l'espace comme le faisceau d'un phare.

Rift Amincissement et affaissement de la croûte terrestre lorsque celle-ci est en extension, accompagnés d'une remontée de **magma** par ses fractures. Un rift prend la forme d'un fossé ou d'une vallée rectiligne, encadré d'épaulements plus hauts.

Scorie Fragment de lave éjecté lors d'une éruption volcanique et qui mesure plusieurs millimètres à plusieurs centimètres de taille, avec une texture bulleuse pleine de cavités (synonyme : *pouzzolane*).

Shatter cone **(cône de percussion)** Déformation d'une roche lors de l'impact d'un astéroïde ou d'une comète, où l'onde de choc dessine des stries en « queue-de-cheval » à la surface de la roche.

Subduction Plongée d'une **plaque tectonique** sous une autre (en raison de sa densité plus forte), qui mène à sa refonte dans le **manteau** terrestre. Son emplacement est marqué par une **fosse** marine ou par des failles de **chevauchement** dans une chaîne de montagnes.

Trapp Grande province volcanique formée d'un empilement de couches de lave, associée à un volcanisme de **point chaud**.

Sources des illustrations

– Tableau **p. 38-39** : Bjornerud M., 2006, *Autobiographie de la Terre*, Dunod, Paris.
– Schémas **p. 68** et **73** : Emmanuel L., De Rafelis M. et Pasco A., 2007, *Maxi fiches de Géologie*, Dunod, Paris.
– Schéma **p. 79** : Pomerol et al, 2008, *Eléments de Géologie*, 13/e, Dunod, Paris.
– Schéma **p. 130** : Elmi S. et Babin, C., 2006, *Histoire de la Terre*, 5/e, Dunod, Paris.

Rachid Maraï est l'auteur des dessins humoristiques.

Bibliographie

Avouac J.-P. et De Wever P. (sous la direction de), 2002, *Himalaya-Tibet : le choc des continents*, CNRS Éditions et Muséum National d'Histoire Naturelle, Paris.

Bardintzeff J.-M., 2006, *Volcanologie* (3e édition), Dunod, Paris.

Bjornerud M., 2006, *Autobiographie de la Terre*, Dunod, Paris.

Brahic A., 1999, *Enfants du Soleil, histoire de nos origines*, Odile Jacob, Paris.

Buffetaut E. et Le Lœuff J., 1998, *Les Mondes disparus, Atlas de la dérive des continents*, Berg International Éditeurs, Paris.

Daniel J.-Y. (sous la direction de), 1999, *Sciences de la Terre et de l'Univers*, Vuibert, Paris.

Debelmas J., Mascle G. et Basile C., 2008, *Les Grandes structures géologiques* (5e édition), Dunod, Paris.

Elmi S. et Babin, C., 2006, *Histoire de la Terre* (5e édition), Dunod, Paris.

Encrenaz T., 2005, *Système Solaire, Systèmes Stellaires*, Dunod, Paris.

Frankel C., 1996, *La Mort des dinosaures : l'hypothèse cosmique*, Masson, Paris (édition poche, Le Seuil, 2001).

Frankel C., 2007, *Terre de France : une histoire de 500 millions d'années*, Le Seuil, Paris.

Galilée, 1998, *Le Messager des étoiles*, Le Seuil, Paris.

Jouzel J. et Debroise A., 2007, *Le Climat : jeu dangereux* (2e édition), Dunod, Paris.

Mayor M. et Frei P-Y., 2001, *Les nouveaux mondes du cosmos*, Le Seuil, collection « Science ouverte », Paris.

Poirier J-P, 1996, *Les profondeurs de la Terre*, Masson, Paris.

Richet P., 1999, *L'âge du monde*, Le Seuil, Paris.

La Terre en 18 mots-clés, *La Recherche*, Hors-Série, Septembre 2007.

Webographie

http://www.geowiki.fr/
L'encyclopédie participative des sciences de la Terre

http://sgfr.free.fr/
Site de la Société géologique de France

http://e.geologie.free.fr/
Site de la Fédération française de géologie

http://planet-terre.ens-lyon.fr/planetterre/
La Terre sous tous ses angles (École Normale de Lyon)

http://www.lave-volcans.com/
http://terreetvolcans.free.fr/
Deux sites sur les volcans

http://www.ucmp.berkeley.edu/geology/tectonics.html
La tectonique des plaques : histoire, cartes et animations (en anglais)

http://www.ifremer.fr/exploration/
Exploration des fonds sous-marins (Ifremer)

http://christian.nicollet.free.fr/page/Alpes/geodynamique/alpes.html
http://www.delacou-bkd.net/Geol_Alpes.html
Deux sites sur l'évolution des Alpes

http://planet-terre.ens-lyon.fr/planetterre/XML/db/planetterre/metadata/LOMhistorique.xml
http://www.sabix.org/bulletin/b39/geodesie.html
Deux sites sur la forme de la Terre

http://exoplanet.eu/
Les exoplanètes (site de Jean Schneider)

http://www.resgeol04.org/
La Réserve Naturelle Géologique de Haute-Provence

http://pagesperso-orange.fr/therese.eveilleau/pages/hist_mat/textes/journee.htm
Le calendrier et la durée du jour

http://www.futura-sciences.com/
Actualité des sciences : Terre, espace et environnement

http://www.notre-planete.info/
Climat et environnement

http://system.solaire.free.fr/asteroide.htm
http://impact.arc.nasa.gov/ (en anglais)
Les astéroïdes, les géocroiseurs et les probabilités d'impact

Index

P

Q

R

051789-(I)-(3)-OSB 90°-SCM-VCT

STEDI MEDIA, 1, boulevard Ney, 75018 Paris
Dépôt légal, Imprimeur, n° 10285
Dépôt légal : novembre 2008
Imprimé en France
Photocomposition : **SCM**, Toulouse